# 人人会建的
# 大数据可视化大屏

雷玉堂　主　编

邓华亮　副主编

周晓欢　刘炳礼　李　柯　编　著

清华大学出版社
北　京

## 内 容 简 介

本书重点阐述数据可视化的重要性、基本概念、主要应用和意义,通过需求梳理、数据准备、屏幕测算、合理布局、图表颜色等方面的设计,呈现数据分析的关键指标,增强数据的可读性。同时,以海致科技集团自主研发的伏羲数据可视化平台应用为例,通俗易懂地介绍伏羲数据可视化大屏设计思路、组件功能和制作方法,举例说明公安、金融、交通、能源、司法等领域的数据大屏应用。

本书适于各行各业大数据可视化工程师、数据分析人员、大数据爱好者、人工智能从业人员、计算机软件应用专业的在读大学生等参阅。

**图书在版编目(CIP)数据**

人人会建的大数据可视化大屏 / 雷玉堂主编 . —北京:清华大学出版社,2023.9
ISBN 978-7-302-64652-5

Ⅰ.①人… Ⅱ.①雷… Ⅲ.①可视化软件—数据处理 Ⅳ.① TP317.3

中国国家版本馆 CIP 数据核字 (2023) 第 174033 号

责任编辑:王 军
封面设计:周晓亮
版式设计:孔祥峰
责任校对:马遥遥
责任印制:沈 露

出版发行:清华大学出版社
　　　　网　　　址:http://www.tup.com.cn,http://www.wqbook.com
　　　　地　　　址:北京清华大学学研大厦 A 座　　　　邮　　编:100084
　　　　社 总 机:010-83470000　　　　邮　　购:010-62786544
　　　　投稿与读者服务:010-62776969,c-service@tup.tsinghua.edu.cn
　　　　质 量 反 馈:010-62772015,zhiliang@tup.tsinghua.edu.cn
印 装 者:三河市人民印务有限公司
经　　销:全国新华书店
开　　本:170mm×240mm　　　印　　张:13　　　字　　数:263 千字
版　　次:2023 年 10 月第 1 版　　　印　　次:2023 年 10 月第 1 次印刷
定　　价:69.00 元

产品编号:103769-01

# 前 言

从17世纪使用的地图和图形，到19世纪初饼图的发明，再到人们利用计算机创建出首批图形图表，使用图片来理解数据的概念已经存在了数个世纪。数据可视化的发展历程可归纳为两个阶段：第一个阶段是科学可视化，第二个阶段是信息可视化。如今，数据可视化已成为一门快速发展的、融合科学和艺术的技术，在智慧城市、社会治理现代化、企业经营决策等方面得到全面应用。

数据可视化是大数据分析的一种应用形态，主要包含数据采集、数据分析、数据治理、数据管理、数据挖掘和数据图表展示等内容。数据可视化指将原始数据转换为图表、图形、图像等，一是可以轻松发现趋势，更快地识别异常值，从而帮助了解业务的表现形态、发展机遇和潜在风险；二是可以使用系统内置的组件进行关联交互，发现更深层次的内容，在数据驱动的基础上快速做出决策；三是可以迅速吸引眼球，突破大脑记忆能力的限制，从而更快发现数据的变化规律、理清思路。

本书重点阐述数据可视化的重要性、基本概念、主要应用和意义，通过需求梳理、数据准备、屏幕测算、合理布局、图表颜色等方面的设计，呈现数据分析的关键指标，增强数据的可读性。同时，本书以海致科技集团自主研发的伏羲数据可视化平台应用为例，通俗易懂地介绍了伏羲数据可视化大屏设计思路、组件功能和制作方法，并举例说明了公安、金融、交通、能源、司法等领域的数据大屏应用。

随着数字中国和行业数字化的深入推进，数据可视化技术的应用将更为广泛。读懂数据、可视化数据是数字时代的刚需。本书希望能为各行各业大数据可视化工程师、数据分析人员、大数据爱好者、人工智能从业人员、计算机软件应用专业的在读大学生等提供一定的帮助。

尽管作者已尽力撰写，但难免存在不足之处，敬请广大读者赐教。

编　者

# 目 录

# 第 1 章

# 数据可视化概述

## 1.1 数据可视化

从17世纪使用的地图和图形，到19世纪初饼图的发明，使用图片来理解数据的概念已经存在了数个世纪。1869年，查尔斯·米纳德(Charles Minard)绘制的拿破仑入侵俄罗斯示意图成为了至今被引用最多的统计图表示例之一。这幅示意图描绘了双方军队的规模以及拿破仑从莫斯科撤退的路线，并将这些信息与温度和时间范围关联起来，以更深入地理解这一历史事件。

然而，这项存在已久的技术却真正推动了数据可视化的发展。计算机使快速处理大量数据成为可能。如今，数据可视化已成为一门高速发展的、融合了科学和艺术的技术，将在未来几年中对行业产生巨大影响。

### 1.1.1 什么是数据可视化

数据可视化指将原始数据转换为图表、图形、图像等视觉效果，可以帮助理解数据间的关系与趋势，亦能使复杂的数据和信息变得简单易懂。

### 1.1.2 基本概念

- 数据空间：由$n$维属性和$m$个元素组成的数据集所构成的多维信息空间。
- 数据开发：利用一定的算法和工具对数据进行定量的推演和计算。
- 数据分析：对多维数据进行切片、切块、旋转等动作以剖析数据，从而多角度观察数据。
- 数据可视化：将大型数据集中的数据以图形、图像的形式表示，并利用数据分析和开发工具发现其中未知信息的处理过程。

### 1.1.3 主要应用

数据可视化在很多领域都有应用，大致可分为以下3类。

- 数据报表类：如Jreport、Excel、水晶报表、思迈特软件(Smartbi)、

FineReport、ActiveReports报表等。

- BI分析工具：如Style Intelligence、BO、BIEE、象形科技ETHINK、Yonghong Z-Suite等。
- 国内的数据可视化工具：如BDP商业数据平台-个人版、大数据魔镜、数据观、FineBI商业智能软件等。

## 1.1.4 发展阶段

数据可视化领域的起源可以追溯到20世纪50年代计算机图形学发展的早期。当时，人们利用计算机创建出了首批图形图表。随着时间推移，该领域逐渐扩大，其发展历程可归纳为两个阶段：科学可视化和信息可视化。

- 科学可视化是一个跨学科研究与应用领域，主要关注三维现象的可视化，如建筑学、气象学、医学或生物学方面的各种系统。重点在于对体、面及光源等进行逼真渲染。科学可视化探究的可视化主题包括计算机动画、计算机模拟、信息可视化、界面技术与感知、表面与立体渲染、立体可视化。
- 信息可视化是科学可视化研究主题中的一种，旨在研究大规模非数值型信息资源的视觉呈现(如软件系统中众多的文件或一行行的程序代码)。信息可视化利用图形图像方面的技术与方法，帮助人们理解和分析数据。与科学可视化相比，信息可视化侧重于抽象数据集，如非结构化文本或高维空间中的点。

## 1.1.5 相关分析

随着数据可视化的重要性日益凸显，其相关分析的范围也越来越广泛，主要包含数据采集、数据分析、数据治理、数据管理、数据挖掘和电商数据这6方面。

### 1. 数据采集

数据采集又称数据获取，是利用一种装置从系统外部采集数据并输入系统内部的接口的过程，广泛应用于各个领域。

### 2. 数据分析

数据分析指通过适当的统计分析方法对收集得到的大量数据进行分析，将它们加以汇总和理解并消化，以求最大化地开发数据的功能，发挥数据的作用。数据分析是为了提取有用信息和形成结论而对数据加以详细研究和概括总结的过程。数据分析的数学基础在20世纪早期就已确立，但直到计算机的出现才令实际操作成为可能，并使数据分析得以推广。数据分析是数学与计算机科学结合的产物，其分析类型包括探索性数据分析和定性数据分析。

### 3. 数据治理

数据治理是组织中涉及数据使用的一整套管理行为，由企业数据治理部门发起并推行，涉及制定和实施针对整个企业内部数据的商业应用和技术管理的一系列政策和流程。其最终目标是提升数据的价值。数据治理非常必要，是行业实现数字战略的基础。数据治理是一个管理体系，包括组织、制度、流程和工具。

### 4. 数据管理

数据管理是利用计算机硬件和软件技术对数据进行有效的收集、存储、处理和应用的过程，目的在于充分有效地发挥数据的作用，是实现数据有效管理的关键。

### 5. 数据挖掘

数据挖掘是通过算法搜索隐藏于大量数据中的信息的过程。数据挖掘通常与计算机科学有关，通过统计、在线分析处理、情报检索、机器学习、专家系统(依靠过去的经验)和模式识别等方法实现目标。

### 6. 电商数据

电商数据可视化是获得信息的最佳方式之一，通过视觉化方式，可快速抓住要点信息。电商数据通过视觉化呈现数据，揭示了无法轻易得到的模式和观察结果。

## 1.1.6 数据可视化的意义

数据可视化最重要的意义在于对数据进行展示。那么，数据可以用来做什么呢？分析又能解决什么问题呢？

数据的作用可以用"FIVE"这4个字母来概括，既Forecast(预测)、Insight(洞察)、Validation(验证)、Evaluation(评估)。

- 预测是洞察、验证和评估的最终目标。例如，可以根据某个行业的数据规律预测未来的发展趋势。
- 洞察是在历史数据的支撑下，对行业未来发展方向的具体猜测。
- 验证是驱动做出决策的试金石。验证的方法有很多，例如，在投资中，对量化策略进行"回测"就是一种典型的验证；数据分析时，构造蒙特卡洛模拟进行试验也是验证；互联网行业中采用A/B测试检验策略有效性，同样是验证。
- 评估能指引未来的方向，基于数据支撑的评估可以预估出某个项目的实操可行性，从而为实践做准备。

有了数据，还需要分析才能解决问题。分析可以解决的问题可以归为4类：描述统计、归因分析、策略分析和效果检验。

- 描述统计：展示数据的现象和特性，基于历史和现状发现规律，即猜想的源头。

- 归因分析：深挖现象背后的形成原因，追根溯源，从而充分利用这些现象。
- 策略分析：将分析转换成可操作、可落地的策略。
- 效果检验：验证落地操作后的结果是否符合预期，为进一步操作提供依据。

将数据和分析的作用排列组合后可以发现，这4类分析问题都离不开数据洞察，而缺乏可视化的情况下，几乎不可能发挥出数据的洞察作用。洞察是最需要可视化辅助分析的数据用法。因此，数据可视化具有重要意义。

数据可视化通常是理解和交流分析的第一步，因为当数据呈现为图形而不是数字时，人们更容易理解数据。通过交互式(可点击)数据可视化，向下探索钻研细节，识别模式和异常值，使人们更容易看到新趋势，这是获得洞察力的第一步。

数据可视化的意义主要包含以下4个方面。

### 1. 迅速了解

可视化数据可以轻松发现趋势，更快地识别异常值。这些信息有助于迅速了解业务的表现、发展的机遇和风险并轻松快速地将数据转换为洞察结果。

### 2. 辅助决策

各个行业能够在数据驱动的基础上快速做出决策，通过了解信息，更快地激发洞察力，发现数据模式。

### 3. 高级分析

各个行业可以使用系统内置的一些组件进行关联，发现更深层次的内容，从而获取更有价值的信息。

### 4. 其他

数据具有不可思议的价值，但经常由于缺乏对数据的分析展示，错过了很多重要信息。数据可视化刚好弥补了这一短板。数据可视化可以迅速吸引眼球，突破大脑记忆能力的限制，从而更快发现规律、理清思路。

## 1.2 数据可视化要素

一图胜千言，对看似晦涩难懂的数据进行可视化呈现之后，能够快速发现规律、找到原因、作出判断。因此，梳理数据可视化的要素尤为重要。

### 1.2.1 需求准确

在确定需求这一阶段，要明确数据可视化需展示的业务场景、要呈现的关键指标、所要分析的维度、所选择图表的类型及数据大屏的主题。

在业务场景方面，常见的数据可视化应用场景包括监控预警、态势分析、专项汇报等，稍后将详细介绍常见数据可视化的应用场景。

在关键指标方面，常见的关键指标包括行业的总体情况、一段时间的趋势、活跃情况、各项目资金占比情况等。应根据情况列举需要重点展示的指标。

在分析维度方面，可以根据数据的情况(如时间、地区、单位等)选择具体的分析维度并进行细化。

在图表类型方面，需要根据数据类型和分析目的，选择直观且恰当的图表类型，如地图、折线图、柱形图等。不同类型图表有不同的适用数据和展现手法。

在大屏主题方面，需要贴合所呈现的内容加以确定。例如，分析关注对象在一段时间内火车乘车的总体情况时，可以将大屏主题确定为"关注对象火车乘车态势分析"。

## 1.2.2 数据准确

数据是可视化的灵魂。在确定进行可视化展示的数据时，需要对数据的条数、数据的类型、字段与内容是否对应、内容是否为空等情况进行排查，无问题后才可以进行数据可视化展示，否则需要先对数据进行清洗处理。

## 1.2.3 屏幕准确

屏幕准确包含两个部分：屏幕的类型和屏幕的尺寸。伏羲数据可视化平台的类型包含4种：PC端、移动端、PAD端、大屏。除了大屏的类型，还需要确定大屏的尺寸。尺寸的参数包括分辨率和比例，例如，分辨率为1920*1080，比例为16∶9等。

## 1.2.4 布局合理

好的布局能带来不一样的视觉效果。关于布局，需要注意各项指标的位置排列以及尺寸选择。在设计布局的时候，可以画一个草图，并在草图上标注好各项指标的位置排列和尺寸。第2章将详细介绍常见的布局。

## 1.2.5 图表合理

在选择图表时，需要考虑三种关系：数据与图表、功能与图表、基调与图表。需要根据数据类型选择不同类型的图表；根据要呈现的功能选择合适的图表；根据整体风格选择不同基调的图表。

## 1.2.6 颜色合理

在设计大屏的颜色时，需要考虑两个方面：一是大屏的整体基调的色系；二是各项图表指标颜色基调要与大屏的整体基调吻合，如果大屏整体基调采用冷色系，那么图表各项指标颜色基调也要选择冷色系。

### 1.2.7 长度合理

在制作大屏中的指标时，需要关注长度问题，如维度字数的长度、单位的长度、图表标题的长度等，不能出现内容显示不全的问题。

### 1.2.8 可读性强

数据可视化的意义就是快速捕捉信息，所以大屏的设计也需要具有强可读性，以帮助快速捕捉到关键信息。可以从3个方面来进行调整大屏的可读性：一是标题，能够准确概括大屏的基本情况；二是整体结构，可以采用总分的形式呈现；三是故事线，需要有清晰的故事线，让人能够身临其境。

## 1.3 数据可视化展现形式

数据可视化的展现形式有很多，如大屏、报表、仪表盘等。本书主要介绍数据大屏、数据看板/仪表盘、数据报表这3类展现形式。

### 1.3.1 数据大屏

根据输出设备，可以将数据大屏分为PC端、移动端、PAD端。接下来，将举例介绍不同类型的数据大屏。图1.1是PC端大屏，图1.2是移动端大屏，图1.3是PAD端大屏。

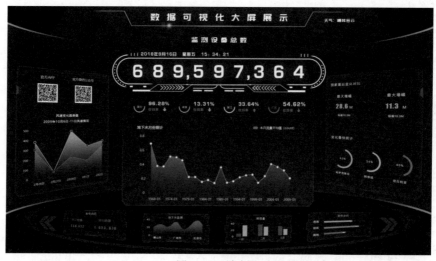

图1.1　PC端大屏

图1.2 移动端大屏

图1.3 PAD端大屏

## 1.3.2 数据看板/仪表盘

数据看板/仪表盘(见图1.4)是一种可视化工具,通过数据可视化,各行业可以在数据看板/仪表盘中集成数据信息、监控商业进程、衡量与共享业务结果。同时,数据看板/仪表盘也是一种交流工具,通过数据公开和呈现,各行业内部能够使用数据看板/仪表盘共享有效信息,激发组织间的交流与协作。

## 1.3.3 数据报表

数据报表(见图1.5)是数据可视化中常用的一种数据呈现形式,可用于在大量数据中进行比较、小计、分组和汇总,并且可以通过对记录的统计来分析数据等。也可以生成带有数据透视图或透视表的报表,从而增强数据的可读性。

图1.4　数据看板/仪表盘

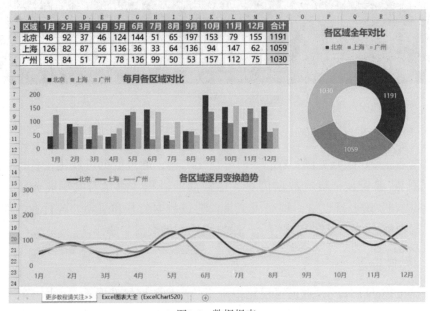

图1.5　数据报表

# 1.4 伏羲数据可视化平台技术架构

要了解一个工具，必须知道其设计的底层逻辑，不仅要知其然，还要知其所以然，这样才能把所有内容融会贯通。

## 1.4.1 伏羲数据可视化平台产品架构

伏羲数据可视化平台产品以B/S架构为核心，将数据、组件和业务完美融合在一起。图1.6展示了伏羲数据可视化平台的产品架构。

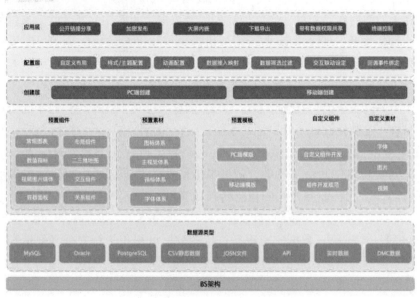

图1.6 伏羲数据可视化平台产品架构

伏羲数据可视化平台支持接入的数据源包括API数据，CSV、JSON文件，MySQL、PostgreSQL、Oracle数据库。

伏羲数据可视化平台内置多种组件，如图表组件、地图组件、交互组件等，这些组件将在后续章节中详细介绍，并搭配各类业务场景进行组合配置呈现。

伏羲数据可视化平台的主要应用行业包括公安、交通、政务、金融等，例如，公安行业的指挥中心大屏、情报分析大屏、交通管理等，金融行业的监控预警大屏、指标态势大屏等。

### 1.4.2  伏羲数据可视化平台产品优势

伏羲数据可视化平台优势明显，其核心优势主要包括以下4类。

① 丰富组件支撑，完美映射主题：伏羲可视化资源库提供多种精美的图表组件，包括不同样式的折线图、柱形图、饼图等常规图表，可满足客户不同场景、风格样式的需求。每个组件都有精美、全面的配置项，通过对配置项的调整，用户可以获得样式灵活多变的组件。同时，伏羲数据可视化平台支持多种风格一键切换，以将组件样式进行统一，并支持用户自主选择配色方案，以满足不同应用场景。

② 海量模板积累，拒绝从零开始：数据可视化的设计难点不在于图表类型多，而在于如何能在简单的一页之内让人读懂数据之间的层次与关联，这就关系到色彩、布局、图表、业务的综合运用。伏羲可视化平台致力于让用户深入行业业务、探索数据价值，因此平台提供了海量行业通用型模板，引导性地解决客户无从下手、从零开始的难点。用户可以直接套用这些模板，也可以根据自己的需求进行设计，做出更高水准的可视化作品。同时，伏羲数据可视化平台针对不同行业、不同业务场景，定制化设计了针对性的案例模板，如指挥中心、情报研判等。

③ 多源事件内置，轻松实现联动：伏羲数据可视化平台通过强大丰富的事件机制驱动实现组件间交互联动，依据灵活便捷的数据广播机制驱动实现组件间的数据联动，从而将业务之间的信息转换成客观视图，以帮助用户更清晰地纵观业务。

④ 高级动画渲染，数据实时更新：伏羲数据可视化平台支持多种精彩的动画效果，这些动画效果搭配性能绝佳的自动更新机制，可实时展现数据的变化。用户通过大屏系统，能够敏锐洞察数据变化，将业务信息尽收眼底。

### 1.4.3  伏羲数据可视化平台登录方式

伏羲数据可视化平台互联网登录网址为https://hzxydp.haizhi.com，登录时需要输入企业域、用户名和密码。

对于在读学生，企业域、用户名和密码会在课程群内进行通知；对于从业人员，可统一使用单位分发的企业域、用户名和密码。图1.7为伏羲数据可视化平台互联网登录界面。

图1.7  伏羲数据可视化平台互联网登录界面

在登录过程中，可能会出现以下问题：

- 显示用户名或密码错误。出现此类问题时，请重新输入用户名或密码并核对是否与通知的用户名或密码一致，如果确认一致但仍出现该问题，请联系技术答疑老师进行重新授权。
- 登录后闪退。出现此类问题时，请进入谷歌浏览器无痕模式进行登录，如果不能解决，请联系技术答疑老师进行解决。
- 显示有效期不足。出现此类问题时，请联系技术答疑老师进行重新授权。

## 1.4.4  伏羲数据可视化平台主要功能

伏羲数据可视化平台的主要功能模块分为我的可视化、我的数据、我的资源、我的组件和教程。

### 1. 我的可视化

"我的可视化"用于对项目进行管理操作，页面主要包括两部分，左侧为"我的分组"，右侧显示选中分组中的大屏项目。图1.8展示了"我的可视化"界面。接下来，将对"我的可视化"界面进行详细介绍。

"我的分组"中包括"全部应用""未分组"以及用户自定义分组，其中"全部应用"和"未分组"不可进行编辑或删除操作。

单击"我的分组"右上角的加号图标并输入新分组的名称可完成新建分组操作。

图1.8    "我的可视化"界面

　　鼠标悬停在项目分组上,右侧将显示编辑图标和删除图标。单击编辑图标可对分组进行重命名,单击删除图标可对分组进行删除操作。注意,对用户自定义分组进行删除操作时,若自定义分组下有大屏项目,则删除分组后,该分组下的大屏项目将自动归入"未分组"下。

　　右侧预览应用面板顶部显示搜索框和筛选下拉列表,可对分组中大屏项目进行搜索和排序操作。搜索功能支持按名称、关键字进行搜索,排序功能支持按照创建时间、修改时间进行排序。

　　右侧预览应用面板中部展示分组中的大屏项目。"全部应用"的上方展示了新建/导入项目窗口,可以在该窗口进行新建或导入大屏项目操作,第4章将详细介绍新建项目操作。

　　鼠标悬停在项目上,将出现编辑按钮,单击编辑按钮可进入编辑页面并对单个项目内容进行编辑。编辑按钮下方显示了拖曳、导出、预览、发布、同步、共享、复制及删除图标,单击图标可以对项目进行对应操作。

- 拖曳:把该项目拖曳到其他分组下。
- 导出:导出该项目文件。
- 预览:对该项目进行预览并支持交互事件操作。
- 发布:可获取项目的链接地址,并选择是否对该项目进行密码保护。图1.9展示了"发布"界面。
- 同步:将该项目同步给其他账户,其他账户只能查看不能编辑。
- 共享:将该项目共享给其他账户,其他账户可以进行协同操作。
- 复制:为该项目创建副本。
- 删除:将该项目删除。

图1.9 "发布"界面

### 2. 我的数据

该模块用于对接数据库,添加上传数据。添加数据部分支持创建三种数据源类型,包含API数据,CSV、json文件,以及MySQL、Oracle等数据库。

### 3. 我的资源

该模块用于管理字体、图片、视频以及文件。可以在这个模块上传和管理各类素材。

### 4. 我的组件

该模块包含图表、控件、地图、数据集等组件。当系统内置组件不能满足用户业务场景需求时,用户可以根据需要在项目中使用自定义组件以作为预留功能。

### 5. 教程

该模块内置多种教程以供学习。通过使用这些教程,第一次接触大屏的人也可以快速上手。

## 1.5 常见数据可视化应用场景举例

数据可视化场景在各个行业都有显著体现,下面着重对公安、政务、交通、金融等几个行业常见的场景进行举例说明。

### 1.5.1 公安场景举例

公安行业中常见的数据可视化应用场景分为以下7类。

① 辖区实时治安态势：显示辖区内最近一定时间内的警情分布、警力部署、关键区域监控画面等，有助于实时监测辖区治安状况，进行快速应对和指挥。

② 重点区域/人群监控：显示重点疏散路段、场所周边监控画面或关键人员行踪监控画面，有助于密切关注重点区域和人群的动态，以防异常情况发生。

③ 重大警情处置进程：显示重大警情或突发事件的处置启动时间、出动警力、警情进展和稳控情况等，有助于监督警情处置进度并进行指挥调度。

④ 专案侦查运行图：显示专案名称、立案进程、警力投入、侦查取得的关键线索或证据、主要嫌疑人监控情况等，有助于实时掌握专案侦查进展，研判案情发展趋势。

⑤ 交通状况展示：显示辖区内主要道路的交通状况、道路监控画面及交通管制场景，有助于监测交通流量和管制效果，必要时可以进行交通管制指挥。

⑥ 重要会议或活动安保：显示重要会议或活动场所布控情况、周边监控画面、安保警力部署位置等，有助于掌握各重要区域和要道的安全状况，确保活动顺利进行。

⑦ 突发灾害事件处置：显示灾害事件性质、具体位置、警情处置启动时间、出动警消力量、受影响人员疏散情况等，有助于指挥和监督灾害处置工作进展，最大限度地减少人员伤亡和财产损失。

### 1.5.2 政务场景举例

政务行业中常见的数据可视化应用场景分为以下5类。

① 经济监测：显示宏观调控决策、经济社会发展、投资监督管理、数字经济治理等，能不断提升对经济运行"形"和"势"的数字化研判能力。

② 市场监管：显示企业年报事项、企业违规行为、行业动态、企业经营情况等，能够最大限度监管企业违规行为、监测行业动态并辅助决策分析，从而防范企业经营风险。

③ 社会管理：显示信用状况、重点企业信息(如危化品、矿产等)、自然灾害情况等，能够对重点企业进行风险评估，最大限度预防自然灾害的发生，警示社会主体信用风险。

④ 公共服务：显示个税专项扣除详情、跨省转学流程、精准扶贫群体、普惠金融服务对象、政务热线满意度等，能够最大限度地展示民生问题，提高人民群众的满意程度。

⑤ 生态环保：显示环境质量、污染源、环保产业行业动态、环保科技最新信息等，能够为环境质量检测、突发环境事件应急处置等23类应用提前预警。

### 1.5.3 交通场景举例

交通行业中常见的数据可视化应用场景分为以下4类。

① 交通实时监控：显示交通事故地点、交通拥挤路段、交通瘫痪路段等，将这些信息以最快的速度提供给驾驶员和交通管理人员，方便市民出行。

② 公共车辆管理：显示来往车辆的信息、公共汽车/出租车/公共电车/公共单车的位置等，以最快速度解决公共车辆阻碍交通等问题。

③ 旅行信息服务：显示飞机航班信息、火车高铁发车信息等，以最快的速度向外出旅行者及时提供各种交通综合信息，最大限度解决旅行出行会遇到的问题。

④ 车辆辅助控制：显示实时数据辅助驾驶员驾驶汽车或替代驾驶员自动驾驶汽车，最大限度解决出行车辆辅助问题。

### 1.5.4 金融场景举例

金融行业中常见的数据可视化应用场景分为以下3类。

① 银行业务领域：显示开户信息、转账信息、流水信息、按揭贷款数额、信用评分等，能够对客户进行精准营销和智能风控，减少银行坏账出现比例。

② 证券业务领域：显示历史交易记录、流失情况、客户投资风险类别、客户持有交易数额、客户投资的行业信息等，能够对客户进行流失预测，还能通过回测预估股价或对客户的了解程度进行智能投顾。

③ 保险业务领域：显示投保人的投保偏好、投保人数多的区域、各类别保险的销售额等，能够对客户进行差异化投保或智能核保等。

# 第 2 章
# 可视化方案设计流程

## 2.1 确认需求

需求分析是一个项目的开端，也是项目建设的基石。基础的夯实程度直接关系到后续工作，是项目实施成败的关键。因此，在设计大屏之前，必须确定制作大屏的目的，这为下一步的实现方式提供了明确的方向。

### 2.1.1 明确业务场景

在制作大屏之前，需要明确具体的业务场景。例如，公安行业中辖区实时治安态势和重点区域/人群监控，抑或是金融行业中的证券业务和保险业务等。公安、政务、交通、金融等行业的场景在第1章中均有介绍，可根据具体需求从中选取。

### 2.1.2 梳理关键指标

制作大屏时，需要梳理大屏中显示的指标，这些指标大致分为以下3类。

① 主要指标：多位于屏幕中央，可适当添加动态效果、增强视觉效果。例如，重点人群的重点活动区域分布。

② 次要指标：多位于屏幕的两侧，通常是各种类型的数据或图表。例如，一段时间内股票的走势趋势。

③ 辅助指标：多为主要指标的补充信息，也包括常用的视频接入和舆情信息滚动显示。例如，重点人群的轨迹详情。

### 2.1.3 确定分析维度

分析维度确定了整个大屏的主旋律。分析维度的角度可以从定性维度和定量维度考虑。

- 定性维度：数据分析的对象内容等，如文本类维度、城市、性别。
- 定量维度：对数值型数据进行分组统计，例如，在销售额分区间的订单量统计中，"销售额分区间"即为维度。

## 2.1.4　收集整理数据

根据分析需求收集相关数据并对数据进行清洗、关联和纠错，以保证其完整性、准确性和可用性。第3章将详细介绍具体的数据处理内容。

## 2.1.5　选定图表类型

应根据数据类型和分析目的选择直观和恰当的图表类型，如地图、网络图、统计图表、矩阵图等。不同类型图表有不同的适用数据和展现手法。

在选定图表类型时，可以从图表的分类、应用场景、特点、配置规则来考量。下面介绍几种常用的图表。

### 1. 指标卡

- 应用场景：指标卡可分析突出关键数据，如展示案件数量、违规人数、涉案人数、在逃人数等指标数值。
- 特点：突出显示1～2个关键的数据结果，如同比、环比。
- 配置规则：0个维度，1个或2个数值，支持对比。

### 2. 折线图

- 应用场景：折线图能直观地反映数据的变化趋势，如展示一段时间内轨迹的趋势。
- 特点：显示数据的变化趋势，反映事物的变化情况。
- 配置规则：1个或2个维度，1个或多个数值，支持对比。

### 3. 柱形图

- 应用场景：柱形图可以直观地表示数据量的大小并进行比较，可以较明显地比较出各数据之间的比例差异，如火车乘车活跃情况等。
- 特点：快速看出数据量的大小，易于比较数据之间的差别，能清楚地表示出数量的多少。
- 配置规则：2个以内维度，1个或多个数值，支持对比。

### 4. 普通饼图

- 应用场景：饼图可以直观地展示部分和整体之间的关系，如某区域的人口性别占比情况分析。
- 特点：直观展示每一部分在整体中所占的比例，适用于反映某个部分占整体的比重。
- 配置规则：1个维度和1个数值或0个维度和多个数值，不支持对比。

### 5. 地图

- 应用场景：地图可以直观地展示某个区域的分布情况，如某区域的人口密度情况分析。
- 特点：直观地显示数据的地理分布，通过颜色深浅可轻易判断数据量的大小。
- 配置规则：1个维度(行政区字段)，1个数值，不支持对比。

### 6. 条形图

- 应用场景：条形图可以直观地展示数据量的大小及某些数据的排名、流向等，如某区域的人员的流向分析。
- 特点：根据条形的长短直观地显示值的大小，易于比较各组数据之间的差别。
- 配置规则：2个以内维度，1个或多个数值，支持对比。

### 7. 树图

- 应用场景：树图用矩形直观地展示数据的占比情况，占比越大，矩形越靠前，如某产品的不同市场销售额占比。
- 特点：图形更紧凑，同样大小的画布可以展现更多信息，可以展现成员间的权重。
- 配置规则：1个或多个维度，0个或1个数值。

### 8. 词云

- 应用场景：词云通过关键词字体的大小直观地展示数据的数值大小，如重点布控地区展示。
- 特点：根据关键词的大小，判断数据出现的频率。
- 配置规则：1个维度，0个数值，不支持对比。

### 9. 表格

- 应用场景：表格适用于跨多个类别显示单个值，如重点人轨迹详情展示。
- 特点：使每个单个值都可用，与相同信息的单调版本相比，更易阅读和比较值的情况。
- 配置规则：0个或多个维度，0个或多个数值，支持对比。

## 2.1.6　了解输出设备

最后，需要确定输出设备，包括设备的类型以及尺寸。

设备类型包括PC端、移动端、PAD端，设备尺寸包括分辨率和比例。

# 2.2　大屏主题

大屏主题是由设计者对工作场景的感受和对题材的加工、提炼中产生的。主题是大屏设计者通过各种材料所表达的中心思想，渗透、贯穿于大屏的全部内容，体现着设计者的主要意图，包含着设计者对大屏中所反映的客观事物的基本认识、理解和评价。换一个角度看，主题是大屏观看者对大屏中心内涵的一种独特理解。

## 2.2.1　大屏主题风格

要制作优秀的可视化数据大屏，制作人员不仅需要掌握大屏可视化工具，也需要对主题风格选用有一定的了解。为了更好地呈现数据可视化的结果，在设计过程中，要为大屏的主题选用合适的主题风格，使整个可视化大屏美观前卫。

伏羲数据可视化平台内置了大量的设计素材，但这并不意味着使用者可以轻松地运用它们。

首先，主题风格不仅仅是颜色搭配那么简单。大屏设计者需要结合数据可视化的主题和设计风格进行搭配。例如，对于节日或者电商活动的可视化大屏，需要营造出欢快、愉悦、活泼的气氛，因此通常会选用红紫或者红黄色等主题风格。还有一些特定的主题，如党建主题、国庆节日等，也会选用红色作为主题色。

其次，一些政务网的大屏追求稳定、高效、商务，因此通常选用蓝色为主色调。

再者，一些科技类的数据可视化作品想要体现高端、神秘感，因此会选用较暗的整体色调，并用亮色突出显示重点信息。

最后，能源、环保等主题则会选择黄色为主的色调。

因此，在设计大屏之前，需要确定大屏的整体基调风格。

## 2.2.2　大屏标题

大屏标题能够让人一眼定位大屏主要呈现的内容和基调。在设计大屏标题时，需要注意以下两个方面：一是大屏标题的设计原则，二是大屏标题的样式。

大屏标题的设计原则主要包含两方面：一方面是设计内容要聚焦、简明、一目了然。另一方面是需要突出主要内容，例如，要呈现某个地区的涉毒人员预警情况，则可以将大屏标题命名为"××地区高危涉毒人员异常轨迹预警"。

大屏标题的样式设计要注意宽高、字体、颜色、大小、背景、边框等因素，这些因素应与大屏的整体基调风格统一。

# 2.3　样式设计

样式设计根据主题表达的需求，在版面中编辑和安排特定的视觉信息要素(标题、文稿、图形、标识、插图、色彩等)。样式设计是制作和建立有序版面的理想方式。

## 2.3.1　尺寸确定

应根据不同的输出设备确定大屏的分辨率及比例。例如，PC端输出时，分辨率可以设置为1920*1080，比例可以设置为16:9。

## 2.3.2　布局方案

在设计布局时，可以从以下三方面进行考虑：布局原则、布局样式以及草图方案。

对于布局原则，应遵循聚焦、平衡、简洁的原则。聚焦是指通过适当的排版布局，将观看者的注意力集中到可视化结果中最重要的区域，从而将重要的数据信息凸显出来，吸引观看者的注意力，提升观看者信息解读的效率。平衡是指合理利用可视化的设计空间，在确保重要信息位于可视化空间视觉中心的情况下，保证整个页面的不同元素在空间位置上处于平衡，提升设计美感。简洁是指在可视化整体布局中突出重点，避免过于复杂或影响数据呈现效果的冗余元素。

对于布局样式和草图方案，不同类型的大屏应选择不同的布局样式和草图方案。下面将介绍几种常用的布局方案。

### 1. 常规布局

- 布局要点：左中右分布。其中，中间为主要指标，占较大面积；两侧为次要指标，面积较小，内容较集中，展现指标数量较多。
- 应用场景：多数适用。特别适用于教育、公安、政务等行业进行数据分析展示时，需要展示多项指标，并突出某些关键指标的场合。
- 优势：清晰展现较多的指标，主次分明。常规布局如图2.1所示。

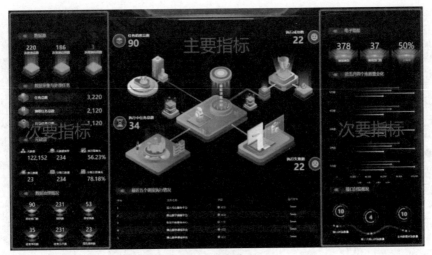

图2.1 常规布局

## 2. 均等布局

- 布局要点：按照1：1：1平均分配每一部分展示区域。
- 应用场景：常用于展示平级指标。
- 优势：可在需要展现无明显主次区分的指标时划分区域，在视觉上不会过多干扰。均等布局如图2.2所示。

图2.2 均等布局

## 3. 左右布局

- 布局要点：重点区域扩大，左或右放置少量指标，不宜展示大量指标。
- 应用场景：常用于地图展示、三维模型展示，如智慧园区、智慧工厂、智慧城市等。
- 优势：能够展现更多的图像区域，三维模型的立体感更强。左右布局如图2.3所示。

图2.3   左右布局

## 4. 故事布局

- 布局要点：没有明显的分割区域。
- 应用场景：常用于讲述一个完整的故事线。
- 优势：数据连贯性强，当指标间相关联时，可以有逻辑地递进展现。故事布局如图2.4所示。

图2.4   故事布局

## 5. 君臣布局

- 布局要点：中间大，两边小。中间为主要指标，占据页面较大面积，通常放置三维大图；两侧为次要指标，面积较小，较集中，展现指标较多。
- 应用场景：适用于需要展示多项指标，并突出某些关键指标或三维图像的场合。

- 优势：图像更大、更清晰立体，指标主次分明。君臣布局如图2.5所示。

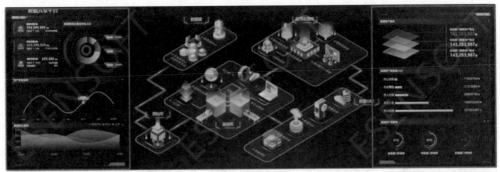

图2.5　君臣布局

### 6. 纵向布局

- 布局要点：将页面分割为上、中、下三部分，中间区域较大，上下较小，重点突出中间区域。
- 应用场景：适用于一些特殊的展会。
- 优势：能够很好地适配特殊场景下的屏幕，主次分明，突出重点。纵向布局如图2.6所示。

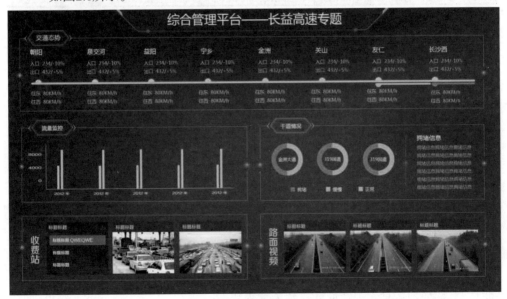

图2.6　纵向布局

### 7. 繁星布局

- 布局要点：布局较为随意，整个屏幕充满了各种指标，尽可能多地展现内容。

- 应用场景：常用于日常运维、人群监控。
- 优势：展现指标多而全面。繁星布局如图2.7所示。

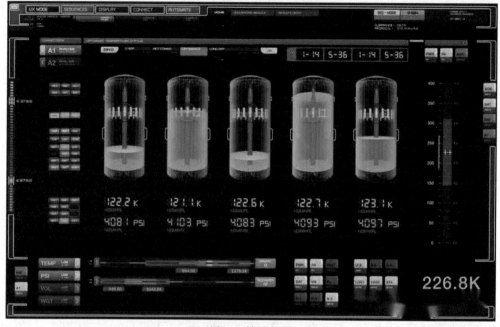

图2.7　繁星布局

### 2.3.3　边框设计

大屏的边框或系统内置的边框组件选择的风格均要与大屏的主题风格一致，以增强大屏的整体效果。例如，对于公安类的大屏，边框应以蓝色系为主。

### 2.3.4　字体设计

应对大屏的整体字体风格进行把控。例如，应将字体样式统一设置为微软雅黑、颜色设置为浅灰色、不加粗等。

## 2.4　数据处理

数据处理是实现空间数据有序化的必要过程，也是检验数据质量的关键环节。同时，数据处理还是实现数据共享的关键步骤。

数据处理的基本目的是从大量的、可能杂乱无章的、难以理解的数据中抽取并推导出对特定人群有价值、有意义的数据。

### 2.4.1　数据处理原则

数据处理原则主要包括简约、综观、解释、智慧4个方面。

- 简约：追求极简主义。
- 综观：通过对认识对象、认识过程和认识结果进行抽象、概括或直觉，超越局部或个别内容的局限性，从而从总体上把握信息。
- 解释：在数据处理过程中，要对所使用的方法或算子进行注释，解释其必要性或作用。
- 智慧：处理数据时，应尽量客观、全面地考虑问题。

## 2.4.2　数据处理方法

按照数据类型区分，需要数据处理的数据包括公共数据和离线数据。

对于离线数据，可以使用Excel或DMC/万象模型进行建模处理。处理过程中，要对数据进行清洗、过滤等操作。

对于公共数据，需要管理员分配数据权限后，才可使用DMC/万象模型进行建模处理。具体的数据处理过程将在第3章详细介绍。

# 2.5　图表制作

应根据数据类型和分析目的选择恰当的图表类型，如地图适用于地理位置数据、网络图适用于人际关系数据、矩阵图适用于多维数据等。不同类型图表有不同的适用数据和展现手法。接下来，将介绍图表的制作方法，以及制作过程中的注意事项。

## 2.5.1　图表制作方法

在制作图表的过程中，需要对以下3个方面进行配置。

- 样式配置：位置尺寸(用坐标控制)、提示框、边框、背景等。
- 数据配置：数据来源(DMC数据库、Excel、API等)、字段、映射等。
- 交互配置：下钻、联动、自定义事件等。

要展示图表，必须配置样式和数据，而交互配置可以根据具体需求来确定。

## 2.5.2　注意事项

在制作图表的过程中，需要注意很多细节问题，以下是一些常见的注意事项。

- 图表类型选择合理。应根据要呈现数据的特点选择恰当的图表类型，例如，想要显示占比时，选择饼图会更恰当。
- 数据配置准确。数据选择和配置要准确，不能选择与主题无关的数据。
- 风格统一。确保图表风格与大屏整体风格统一。
- 图表的样式配置合理。包括尺寸位置、字体、边框等。

通过注意这些细节问题，可以制作出更具说服力和可读性的图表。

## 2.6    视觉美化

视觉是人类最重要的感官之一。如今，我们已经进入了一个读图的时代，无处不在的图像影响着当代的文化。因此，在制作大屏的过程中，视觉的美化设计是不可或缺的一环。

### 2.6.1    配色规范

综合节能/省电、演示场景、信息聚焦多维度考虑，大屏多采用暗黑系风格。结合对比度、观看者查看体验(眼睛舒适度、信息对比度)、数据可视化表达原则、美学因素，大屏通常使用暗黑背景，采用饱和度较高但明度较低的色值，取用1个主色、2~3个辅色。配色方案风格主要考虑严谨性、科技性和即时性。

常见的配色方案如下，可进行参考：色值(基色+低背景装饰纹理)+透明度+渐变。图2.8列举了部分常见的配色方案。

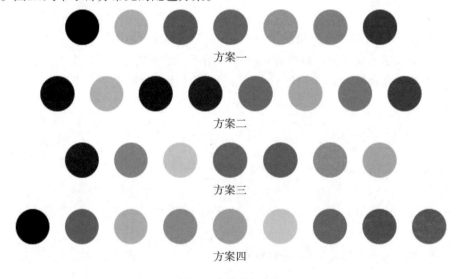

图2.8    常见配色方案

### 2.6.2    文字规范

为达到适配的效果，整个大屏的文字应经过精心设计并保持统一，以确保能够清晰地传递信息。下面给出文字规范的大概参考。

- 字体：不超过3种，且应选择适合阅读、易于辨认的字体。
- 字号：主要取决于受众的观看距离和屏幕尺寸。

- 字重：多种(通常选择regular、medium、bold、heavy)。
- 字色：保证阅读对比度。基于暗色大背景前提，文案颜色均以白色(rgba：255，255，255，100/80/60/40)为主旋律。

### 2.6.3　背景图片

伏羲数据可视化平台支持设置纯色背景和图片背景。图片背景优先级高于纯色背景，可使用系统提供的内置背景图片或上传自定义图片。

在设置大屏的背景图片时，需要对图片的色系、主题、清晰度、格式、内容进行把控。

背景图片的色系应与大屏的整体基调统一，不能风马牛不相及。如果背景图片包含文字，其主题和内容也应贴切大屏主题。需要注意的是，应上传清晰度高的自定义图片，以确保视觉质量。

### 2.6.4　图表边框

对于图表边框，其色系与尺寸应与大屏中的图表风格尺寸相适应。

### 2.6.5　UI动效

对于大屏的整体UI设计，要根据恰当的场景设置联动、下钻、自定义事件、动画效果。第4章和第7章将详细介绍动画效果。

## 2.7　应用发布

大屏的优势在于能够为观看者带来强烈的视觉冲击、观看者的反感率较低、信息聚集集中且能够让观看者快速获取主要信息。那么，大屏应如何发布呢？

### 2.7.1　大屏预览

预览能够帮助获取一些在制作大屏过程中没有发现的细节问题。大屏的预览可通过以下两种方法实现。

方法一：将光标移至想要预览的大屏上，点击"预览■"按钮，即可进入大屏的预览界面。

方法二：单击大屏的编辑界面右上角的"预览■"按钮同样可进入大屏的预览界面。

在预览界面中，可通过按F11键或Fn+F11组合键实现全屏预览。如果需要处理预览时发现的细节问题，可以直接按Esc键或"退出全屏"按钮进行退出全屏操作。

### 2.7.2　大屏发布共享

**1. 大屏发布操作方法**

方法一：将光标移至想要发布的大屏上，单击"发布 ◢"按钮。在图2.9中显示的弹窗左上方会显示大屏的发布状态。

图2.9　大屏发布状态

若选择以链接的方式发布，则发布后自动获取大屏链接。此时，第三方可通过单击链接的方式查看并操作大屏。

可通过单击"复制 📋"按钮直接复制链接。若选中"开启密码"选项，则第三方在查看大屏时需要输入访问密码才可对大屏进行查看和操作。链接方式如图2.10所示。

图2.10　链接方式

若选择以嵌入第三方的方式发布，则第三方可通过复制代码的方式将大屏嵌入其他程序或应用中，使大屏更加方便灵活。嵌入第三方的方式如图2.11所示。

图2.11　嵌入第三方的方式

点击图2.11中的"复制"按钮即可一键复制代码内容，便于分享。

方法二：单击大屏的编辑界面右上角的"发布█"按钮，之后的操作与方法一中单击"发布◢"按钮之后的操作相同。

**2. 共享大屏操作方法**

方法一：将光标移至想要共享的大屏上，单击"共享█"按钮，在弹窗中选择要共享的人员或者组别，收到共享的用户将在消息列表中收到提醒。

方法二：单击大屏的编辑界面右上角的"共享█"按钮，之后的操作与方法一中单击"共享█"按钮之后的操作相同。

### 2.7.3 终端交互

终端交互的设置方法如下。

(1) 单击大屏的编辑界面右上角的"终端交互█"按钮，显示如图2.12所示的弹窗。

图2.12 "终端交互"弹窗

(2) 单击"开启终端交互"按钮，显示如图2.13所示的二维码和控制码。

图2.13 终端交互二维码和控制码

(3) 以手机为例，将此大屏投影至手机终端。

使用手机扫描图2.13中的二维码。手机端将显示如图2.14的界面。

图2.14　手机界面

输入对应控制码后，即可进入大屏界面。至此，终端交互就完成了。
在手机端可以对大屏内容进行查看，也可以进行操作。
PAD端和电脑端的使用与手机端相似。

# 第 3 章
# 数据准备及指标计算

## 3.1 数据准备

无论数据来源于各行业自身的业务系统还是外部公共资源，只要有价值，数据就可以被视为一种资产，并被赋予未来的权益。当数据资产进行交换和交易时，其价值将增加到交换的交易各方。同时，多源数据的聚集和跨组织、跨领域的深度融合挖掘将大大增加数据的价值。

### 3.1.1 梳理所需数据

确定大屏的内容后，就可以选择所需的数据了。在梳理所需数据时，需要考虑以下问题。

- 数据表的来源：需要确定数据表可以从哪些途径获取，并确定获取的方式。
- 数据表的张数：确定数据来源之后，由于这些数据可能来源于不同的数据表，因此需要提前了解数据表的张数。
- 是否需要新的字段：在数据处理的过程中，可能会出现字段不够用，无法满足需要的情况，例如，有时需要年龄、性别等信息，但是数据表中没有这些字段，因此需要根据已有字段去新增计算字段。
- 数据表的权限问题：如果使用单位内部局域网数据，可能需要向上级申请数据表的使用权限。

### 3.1.2 检查数据质量

数据质量的好坏将决定制作大屏的效率和结果。在检查数据质量的过程中，可以从以下6个方面考虑。

- 数据格式：字段的类型和字段的名称是否匹配。例如，若字段内容为姓名，但字段类型是数字，则显然不匹配。
- 数据条数：已申请到的数据条数或个人数据的条数与系统上的数据条数是否一致。

- 字段完整：字段的完整度。例如，若内容是关注对象的姓名，但是字段名称为关注对象的姓氏，则显示不准确。
- 字段内容：字段与内容是否保持一致。例如，若字段名称是身份证号，但是字段内容是手机号，则显示不对应。
- 合并单元格：是否有合并单元格的情况，如果有，则需要取消合并，以便在处理数据的时候顺利操作。
- 文件格式：如果是离线数据，则需要查看文件的保存格式。伏羲数据可视化平台支持Excel、CSV、API文件的离线上传，但是如PPT等其他格式的文件无法上传。

### 3.1.3　做好数据分类

做好前两步工作后，就可以根据不同的需求类型，对要处理的数据进行分类管理。

## 3.2　数据处理

数据处理的方式有很多，我们通常需要借助各种工具，如Excel、Python等。本节将介绍3类数据处理的方式。

### 3.2.1　DMC/万象模型处理

要在DMC/万象模型下进行处理，需要将数据表上传至DMC/万象模型平台，创建模型并进行数据清洗和处理，3.3节将介绍具体的处理方法。

### 3.2.2　Excel处理

使用Excel处理数据的方式在日常工作中很常见，在此不详细介绍。但是需要注意，要在Excel中进行处理数据，可以从数据格式、无效数据、数据完整性等方面着手。

### 3.2.3　其他免费数据处理工具

除以上两种数据处理工具外，还有一些其他的数据处理工具，如Fine BI、Tableau、Python等。

## 3.3　数据对接

可以选择上传离线数据进行数据对接，也可以选择直接对接数据库。下面将介绍如何对接数据源。

### 3.3.1　DMC数据库

如果制作大屏的数据源来自DMC平台，则可以直接对接DMC数据库。

在DMC平台可以上传两种数据：离线数据和公共数据。

对于离线数据，DMC平台支持上传Excel或CSV文件。在上传前，需要检查数据表是否有表头、表头是否唯一、表头内容是否与字段内容匹配、是否取消合并单元格、数据条数等方面，确认无误后才可上传。

可通过单击自主建模的个人数据模块左上角的"+"按钮或自主建模的个人数据模块右上角上传数据。在上传时，需要注意平台支持同时上传多张sheet表，默认勾选第一张。上传后，会默认为每个字段添加一个类型(数值、文本、日期)，需检查表头和字段类型是否匹配。上传成功后，需要对数据进行预览，检查数据条数、数据结构、数据过滤、数据追加、数据替换等功能是否正常。

对于公共数据，只需使用者向上一级申请数据表的使用权限并在创建大屏时对接DMC数据库即可。

### 3.3.2　API数据

对接API数据的操作方法如下。

(1) 将页面切换至"我的数据"模块，如图3.1所示。

图3.1　"我的数据"模块

(2) 单击"添加数据"按钮，显示如图3.2的弹窗。

(3) 在"类型"下拉菜单中选择API数据，填写数据源名称和Base URL链接后单击确定即可，如图3.3所示。

图3.2 "创建数据源"弹窗

图3.3 API数据设置

### 3.3.3 Excel、CSV、JSON文件

对接Excel、CSV、JSON文件的操作方法如下。

第一、二步与对接API数据的步骤相同，第三步在"类型"下拉菜单中选择数据类型为CSV/JSON/Excel文件，输入数据源名称后单击上传文件，在本地资源中找到需要上传的文件后单击确定即可。CSV/JSON/Excel文件设置如图3.4所示。

图3.4 CSV/JSON/Excel文件设置

### 3.3.4 MySQL、PostgreSQL、Oracle、MongoDB、达梦数据库

对接MySQL、PostgreSQL、Oracle、MongoDB、达梦数据库的操作方法如下。

第一、二步与对接API数据的步骤相同，第三步在类型下拉菜单中选择数据类型为MySQL/PostgreSQL/Oracle/MongoDB或达梦数据库，输入数据源名称、连接地址、端口、用户名、密码和数据库名后单击确定即可。如图3.5所示。

图3.5 MySQL/PostgreSQL/Oracle/MongoDB/达梦数据库设置

连接数据库时需要注意，要检查数据库与伏羲数据可视化平台是否在同一网络、数据的更新次数、数据的结构、数据的条数等。

## 3.4 指标计算

在制作大屏的过程中，常会涉及到一些指标的计算方法，如同环比、移动计算、累计计算等，因此需要对这些指标有详细的了解。

### 3.4.1 数据指标计算方法

数据指标的计算方法有很多，下面将介绍几种常见的数据指标计算方法。

#### 1. 同环比

1) 同比

同比增长率在报表中通常缩写为(YoY+%)，指与上年同期相比较的增长率。

某个指标的同期比=(当年的某个指标的值-上年同期这个指标的值)/上年同期这个指标的值。

则同比增长率=(当年的指标值−上年同期的指标值)/上年同期的指标值×100%。

2) 环比

环比有环比增长速度和环比发展速度两种计算方法。环比是本期指标与上期指标的比较，例如，2021年7月份与2021年6月份相比较。

某个指标的环比增长速度=(本期指标值−上期指标值)/上期指标值×100%

某个指标的环比发展速度= 本期指标值/上期指标值×100%

### 2. 移动计算、累计计算

1) 移动计算

只对维度为日期字段时有效，可以根据时间序列逐项推移，依次对一定项数进行统计。计算方式包括：求和、平均值、最小值、最大值。

配置参数说明如下。

- 计算范围：可以设置当前数据项的前后几日的数值共同参与计算。
- 计算方式：可以选择求和、平均值、最小值、最大值，并对周期内的数据进行相应的计算。

2) 累计计算

只对维度为日期字段时有效，可以对一定时间范围内的数据进行累计计算。计算方式包括：求和、平均值、最小值、最大值。

配置参数说明如下。

- 计算方式：可以选择求和、平均值、最小值、最大值，并对周期内的数据进行相应的计算。
- 重置周期：可以选择周、月、季、年，计算时会根据设置在每个周期的起点清零并重新计算。
- 起始日期：可以选择累计计算的起始时间。

例如，要计算每个月的累计订单数，可以设置为计算方式为求和，重置周期为月，起始时间选择默认(即数据中的最早时间)。

### 3. 留存率

留存率是用于反映网站、互联网应用或网络游戏的运营情况的统计指标，其具体含义为在统计周期(周/月)内，每日活跃用户数与第$N$日仍启动该App的用户数的平均比值。其中，$N$通常取2、4、8、15、31，分别对应次日留存率、三日留存率、周留存率、半月留存率和月留存率。

留存率常用于反映用户黏度，当$N$取值越大、留存率越高时，用户黏度越高。

#### 4. 活跃率

活跃率是用于反映网站、互联网应用或网络游戏的运营情况的统计指标。由于统计方式存在限制，互联网行业使用的活跃率指在统计周期(周/月)内，App的日均活跃用户数与总用户数的比值。

活跃率常用于反映App用户的活跃情况，一般来说，活跃率越高，说明网站的运营情况越好，用户的满意度越高。

#### 5. 重复率

重复率可以用于计算在一定时间段内，重复计数项的占比或次数，如统计常用的复购率指标。重复率计算方式分为两种：按条件计算与按次数计算。

#### 6. 百分比

百分比计算可以快速计算出一列数据中各数据项所占的百分比。

#### 7. 计算字段

在已有数据字段的基础上，通过计算得到额外的字段。

#### 8. 分组字段

将原字段中的部分值作为"组"统一分析和查看，需要对现有字段内容进行划分统计。具体而言，当统计包含已有维度信息的一个整合字段数据时，需要添加一个新字段，将已有字段划分到一起。这时，可对已有字段进行分组，得到一个分组字段，从而统计同种类型字段的对应数据值。

分组字段支持自定义分组的方式，通过设置过滤条件，可整合任意同类型字段数据。同时，由于选择的分组信息可能不够全面，还会显示未分组字段，此时可以隐藏未包括的部分。

以文本字段"省份"为例，可以将其中的"北京市""天津市""内蒙古自治区""山西省"和"河北省"划分成一个"华北地区"组。

#### 9. 添加参数

参数是可灵活调整的变量。可以创建参数并在计算字段中使用。通过在仪表盘灵活调整参数，可实现计算字段，甚至整个图表的动态方案。

### 3.4.2　不同场景常见指标

对于不同的场景，常见的计算指标也不同。例如，在公安行业，经常计算同比破案率等；在交通行业，经常统计地铁刷卡日活跃用户数量等；在金融行业，经常计算环比上月的证券交易数量等。

### 3.4.3　数据指标计算案例

具体的数据指标计算应基于真实的场景呈现。例如，要对今年和去年的破案率进行同比，则计算方法为：(今年破案数−去年破案数)/去年破案数 × 100%。

# 第 4 章

# 数据大屏基础组件应用

## 4.1　数据大屏创建及操作界面概述

想要制作出精美的大屏，除了掌握基本方法之外，还需要对操作界面上的功能有一定了解。

### 4.1.1　大屏创建

大屏创建分为两种，一种是普通大屏创建，一种是套用模板创建。创建方式可以选择PC普通大屏或移动端大屏，两种大屏操作方式类似。下面，以创建PC端空白大屏和模板大屏为例进行说明。

#### 1. 空白大屏创建步骤

(1) 在"我的可视化"模块下，选择"PC普通大屏"方式进行创建。如图4.1所示。

图4.1　PC普通大屏

(2) 选择"空白画板"。如图4.2所示。

(3) 在弹出的"创建数据大屏"弹窗中输入大屏名称，选择大屏分组及大屏类型。如图4.3所示。

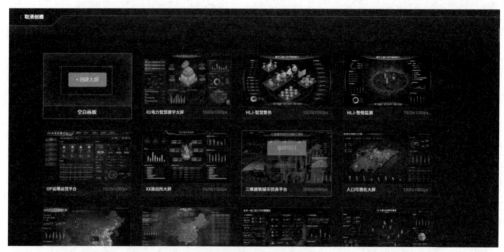

图4.2　创建空白大屏

图4.3　创建数据大屏

## 2. 模板大屏创建步骤

(1) 同空白大屏创建第(1)步。

(2) 选择任一模板，单击"创建项目"按钮。如图4.4所示。

图4.4　套用模板创建大屏

(3) 在弹出的"创建数据大屏"弹窗中输入大屏名称,选择大屏分组及大屏类型。如图4.5所示。

图4.5 创建数据大屏

## 4.1.2 常用的工具

### 1. 工作台

工作台目录中具有很多功能,如图4.6所示。接下来,对工作台目录进行详细介绍。

图4.6 工作台目录

账户(见图4.6中位置"①"):显示账户名称,方便多账号用户查看使用中的账户。

背景切换(见图4.6中位置"②"):切换不同主题风格。

消息提醒(见图4.6中位置"③"):接收消息。如被他人分享/同步大屏,将在此处显示消息提醒,单击消息提醒图标即可查看消息。

退出(见图4.6中位置"④"):退出当前账户,进入登录界面。

我的可视化(见图4.6中位置"⑤"):主要工作台页面。在该模块下,可以快速浏览和搜索已创建的全部大屏(已分类的大屏可通过切换分组查看,也可以按照修改顺序进行排序查看),同时可以进行新建、编辑、移动、复制、导出、删除、预览、发布、共享等一系列大屏管理类操作。

我的数据(见图4.6中位置"⑥"）：可以导入用户需要使用的数据，数据按照API数据、CSV文件、JSON文件、MySQL数据库进行分类。

我的资源(见图4.6中位置"⑦"）：可以查看库中已有的字体、图片和视频资源，也可以对这些内容进行添加和删除操作。

我的组件(见图4.6中位置"⑧"）：可以通过自行撰写代码的方式新建组件并将其添加到组件列表中，方便在后续过程中使用。

教程(见图4.6中位置"⑨"）：可以通过目录栏快速找到需要查阅的信息。教程内容分为图文教程和视频教程，帮助用户快速上手软件。

我的分组(见图4.6中位置"⑩"）：用于将用户库中的大屏进行分组存储，方便用户快速筛选查看。

搜索(见图4.6中位置"⑪"）：用于搜索已创建的大屏，支持对大屏名称的模糊搜索。

排序(见图4.6中位置"⑫"）：可按创建时间倒序排序、修改时间倒序排序，方便用户查找大屏。

新建可视化(见图4.6中位置"⑬""⑭"）：单击"PC普通大屏"/"移动端大屏"，实现创建新的大屏。可选择创建空白画板或使用现有模板创建大屏。

导入大屏(见图4.6中位置"⑮"）：以文件形式将可视化项目从本地进行导入，可以新建大屏名称和分组，如图4.7弹窗所示。

图4.7  大屏导入

已有大屏(见图4.7中位置"⑯"）：将光标放置在已有大屏上时，将显示如图4.8所示的内容。此时，可以通过单击相应的图标，对大屏进行新建、编辑、移动、复制、导出、删除、预览、发布、共享等操作。

图4.8  已有大屏操作

## 2. 画布

画布(见图4.9)为大屏的编辑页面，位于屏幕中心的框选位置。可通过右侧面板中的"页面设置"对画布的大小进行设置，默认分辨率为1920*1080。画布大小由大屏的分辨率决定，超出画布范围时不显示。

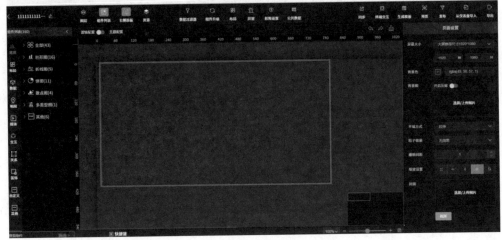

图4.9　画布

## 3. 鸟瞰图

可通过鸟瞰图对画布进行概览，也可通过拖曳鸟瞰图中方框的位置调整画布视图。如图4.10所示。

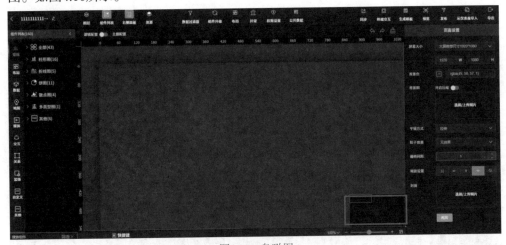

图4.10　鸟瞰图

#### 4. 图层

当组件被拖入画布中时，将会作为图层叠加在画布上。单击单个图层即可编辑其组件。如图4.11所示。

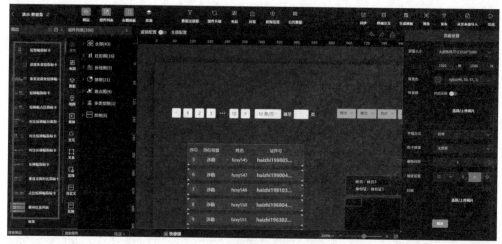

图4.11　图层

#### 5. 组件

伏羲可视化平台提供了一系列折线图、饼图等可视化图表，通过简单的拖曳和单击操作可以实现组件的添加(拖曳至画布中)和参数的调整(双击组件)。在编辑界面的右侧面板可以自定义设置组件的样式、数据以及交互配置，可通过字体颜色、文字大小、动画等配置项对组件进行调整，使展示样式交互效果更加灵活。如图4.12所示。

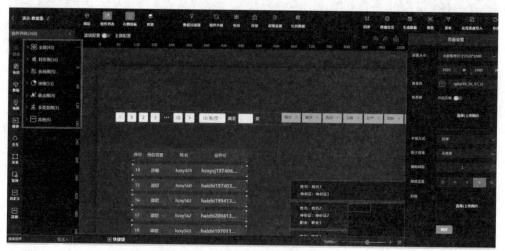

图4.12　组件

## 6. 右侧面板

无论是画布的设置，还是组件的样式、数据、交互的设置，均在右侧面板中进行实现。如图4.13所示。

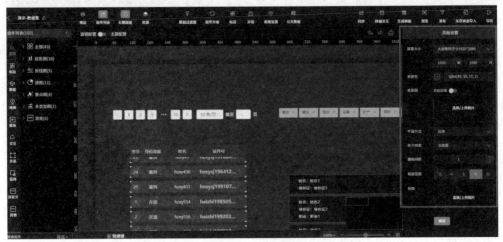

图4.13　右侧面板

## 7. 字段名

字段的实例名，可用于映射或与其他组件进行交互。图4.14中"name"就是name字段的字段名。

图4.14　字段名

## 8. 字段值

组件数据中的字段的值。以图4.14为例，"深圳市"是name字段的字段值。

## 4.1.3　编辑页概述

创建好大屏之后，就会进入到大屏的编辑页。接下来，将根据图4.15对编辑页的功能进行详细介绍。

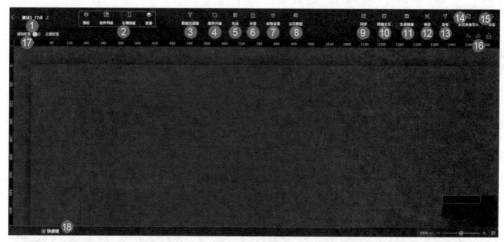

图4.15　编辑页

大屏名称(见图4.15中位置"①"):可直接对大屏名称进行修改。

图层、组件列表、右侧面板、资源(见图4.15中位置"②"):与4.1.2节中的图层、组件、右侧面板,我的资源相同。

数据过滤器(见图4.15中位置"③"):用户可通过自行编写代码对数据进行过滤处理。

组件升级(见图4.15中位置"④"):可对伏羲内置组件进行升级操作。

布局(见图4.15中位置"⑤"):可以选择合适的画布分隔方式,选择后将在画布中显示分隔框,方便用户将组件拖曳到合适的位置。

异常(见图4.15中位置"⑥"):可以查看大屏中的异常,通过"异常""具体异常"可进入修改界面。

权限设置(见图4.15中位置"⑦"):可对数据、字段、组件、样式等进行权限设置。

公共数据(见图4.15中位置"⑧"):可为大屏上的组件设置更新时间及新增数据容器等。

同步(见图4.15中位置"⑨"):可将大屏分享给指定账户,被同步的账户将在消息列表中收到提醒。

终端交互(见图4.15中位置"⑩"):可以通过扫码的方式,将大屏内容发送到手机/Pad/电脑,并可以通过这些设备查看大屏并进行操作。

生成模板(见图4.15中位置"⑪"):单击"生成模板"并自定义模板名称后,可在下次创建新的可视化时直接导入该模板,方便用户建立多个相似的大屏。

预览(见图4.15中位置"⑫"):可对大屏目前建立的内容进行预览,也可以在预览界面执行在画布中无法进行的交互操作。

发布(见图4.15中位置"⑬"):发布大屏后,可将大屏内容通过链接和密码的方式进行分享，也可将代码复制给第三方，方便他人查看大屏内容。

从仪表盘导入(见图4.15中位置"⑭")：可以从DMC的仪表盘上将图表导入伏羲数据可视化平台中并进行配置。

导出(见图4.15中位置"⑮")：单击"导出"按钮后，将自动下载大屏到本地。

撤销/清空(见图4.15中位置"⑯")：单击左撤销可以撤销前一步的操作，单击右撤销可以对撤销操作进行恢复。单击清空将清空大屏上的组件。

滤镜/主题配置(见图4.15中位置"⑰")：开启滤镜配置后，可以在下拉菜单中对大屏的色相、饱和度、亮度、对比度、透明度和灰度进行调整，调整结果会实时显示在大屏中。在"主体配置"中，可以对大屏中的所有组件进行主题的统一，并且在设置主题后，后续添加的组件只要有该主题就会自动调整为该主题对应的样式。

快捷键(见图4.15中位置"⑱")：可以查看所有快捷操作，方便用户对大屏进行快速操作。

## 4.1.4 页面设置

单击编辑器底层的画布，可在右侧面板中对编辑器画布的整体页面配置项进行设置。如图4.16所示。

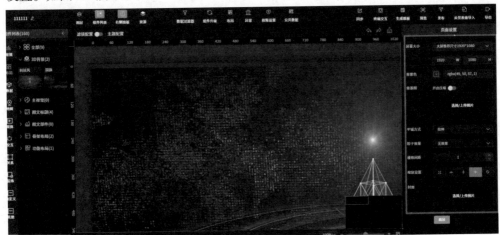

图4.16 页面设置

- 屏幕大小：对画布屏幕大小进行设置，支持从下拉列表的备选方案中进行选择或输入数值以自定义屏幕大小。
- 背景：设置画布背景，支持设置纯色背景和图片背景。图片背景优先级高于纯色背景，图片背景可使用系统提供的内置背景图片或上传自定义图片。
- 平铺方式：包括拉伸、适应、填充和平铺。
- 粒子效果：包括无效果、效果一、效果二、效果三、效果四、效果五、效果六、效果七。

- 缩放设置：设置大屏项目展示时的缩放设置，包括全盘铺满、等比缩放宽度铺满、等比缩放高度铺满、等比缩放高度铺满(可滚动)、不缩放。
- 封面：设置大屏项目的封面，支持上传图片或截屏当前大屏项目作为封面。
- 栅格间距：设置图表移动的单位距离，即选中图表后，单击方向键时，图表向对应方向移动的距离。按"command"+方向键，可向对应方向移动十倍栅格间距。

### 4.1.5 要素设计

在要素设计时，需要考虑如何添加要素、如何修改样式以及要素如何布局。

- 添加要素：直接拖曳想要添加的要素到画布上。
- 修改样式：选中要修改样式的要素，在右侧面板中的样式菜单下选择主题风格。
- 要素布局：拖曳要素到草图设计的指定位置，可利用坐标和宽高控制要素的位置和大小。

## 4.2 图表组件应用技巧

图表是大屏内容的重要构成指标，因此，能够灵活应用图表组件尤为重要。

### 4.2.1 柱形图应用

由于很多图表的设置方式相似，如折线图、条形图、柱形图、饼图等，因此以柱形图为例进行说明。

#### 1. 样式配置

1) 基本属性

下面对柱形图的基本属性进行介绍，如图4.17所示。

图4.17 基本属性

- 位置尺寸：写入数值以设置图表在画布中的位置和尺寸。
- 透明度：设置图表的透明度。支持拖动滑块、写入数值和点击箭头这三种方式调节数值。透明度的数值最大为1，即不透明度为100%，写入的数值大于

1时，将自动设置为1。

- 默认隐藏：勾选后将隐藏图表。
- 配置选项：分为精简和高级，默认为高级。选择"精简"将减少显示的样式功能。

2) 差异化属性

① 3D转换属性如图4.18所示。3D转换开启后，可以对x轴、y轴、z轴设置旋转角度及透视距离。

② 图表属性如图4.19所示。

图4.18 3D转换属性

图4.19 图表属性

- 放大差异：当开启放大差异时，柱形图的数值变化会被放大，如图4.20所示。

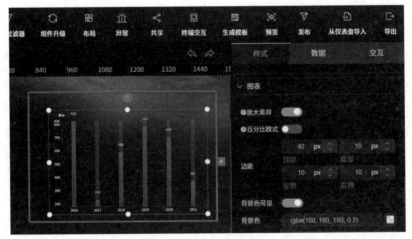

图4.20 放大差异

- 百分比模式：当开启百分比模式时，数值将以百分比的形式呈现，如图4.21所示。

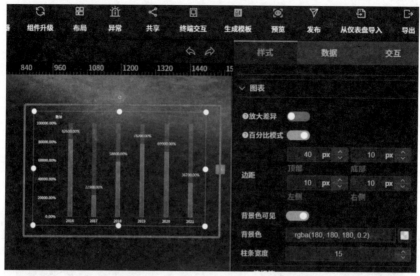

图4.21　百分比模式

- 边距：设置图表距离框选线的上/下/左/右边距。
- 背景色：设置图表背景色是否可见及背景颜色。支持选色器选色和写入数值选色。
- 柱条宽度：支持写入数值或单击箭头调节数值以调节柱条的宽度。
- 值标签：设置值标签显示或隐藏；设置值标签的单位；设置标签位置显示于柱条上/下/左/右侧、内部或内部上/下/左/右侧；设置标签的文本样式，包括字体、字体粗细、字号、颜色。值标签如图4.22所示。

图4.22　值标签

- 柱条边框：设置柱条边框圆角、边框宽度及边框类型。支持写入数值或单击箭头调节数值以调节圆角；支持拖动滑块和单击箭头调节数值以调节边框宽度，数值最大为20，若写入数值大于20则自动设置为20；边框类型包括实线、虚线和点线，默认为虚线。柱条边框如图4.23所示。

图4.23 柱条边框

③ *x*轴/*y*轴属性。由于*x*轴和*y*轴属性相似，此处仅以*x*轴为例进行说明。*x*轴属性如图4.24所示。

图4.24 *x*轴属性

- *x*轴/*y*轴可见：设置*x*/*y*轴是否可见及*x*/*y*轴展示数据类型，包括数值型、类目型、时间型。
- 轴标签：设置轴标签显示或隐藏；标签旋转角度支持拖动滑块、写入数值和单击箭头调节数值以调节标签旋转角度，数值范围-90°～90°，对应标签顺时针或逆时针旋转角度；标签隔行显示用于调节所隔的行数；文本显示宽度用于调节输入的宽度；超出宽度后的处理方式包括截断和换行，也可设置其字体样式和大小；标签的文字样式包括字体、字体粗细、字号、颜色。轴标签如图4.25所示。

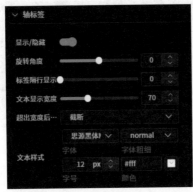

图4.25 轴标签

- 轴标题：设置轴的标题内容；设置轴标题的显示位置，其中start显示为轴起始点位置、middle显示为轴中点位置、end显示为轴结束点位置；轴标题的偏移支持手动输入偏移角度并可以设置字体样式和大小；文字样式包括字体、字体粗细、字号、颜色。轴标题如图4.26所示。

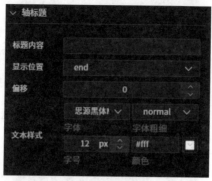

图4.26　轴标题

- 轴线：设置轴线显示或隐藏，轴线颜色及粗细。其中，轴线颜色支持选色器选色和写入数值选色。轴线如图4.27所示。

图4.27　轴线

- 网格线：设置与轴线垂直方向的网格线显示或隐藏；网格线颜色支持选色器选色和写入数值选色；网格线样式包括实线、虚线和点线；还可以设置网格线的粗细。网格线如图4.28所示。

图4.28　网格线

④ 数据系列属性如图4.29所示。

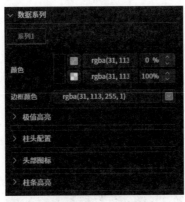

图4.29 数据系列属性

- 颜色：支持分别设置柱条0%处颜色和100%处颜色以达到柱条颜色渐变的效果。
- 边框颜色：支持选色器选色和写入数值选色。
- 极值高亮：可以对极值设置高亮颜色，如图4.30所示。

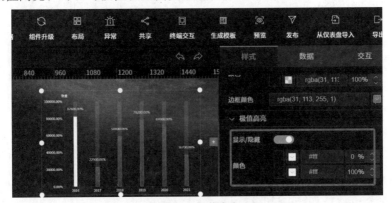

图4.30 极值高亮

- 柱头配置：当开启显示柱头配置时，可以对柱头的形状、颜色、坐标、半径进行设置。形状包含圆形、方形、扇形和环形；颜色、坐标和半径可以手动输入设置。柱头配置如图4.31所示。

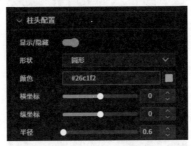

图4.31 柱头配置

● 头部图标：可以替换头部图标的图片及设置图片的位置和宽高，如图4.32
所示。

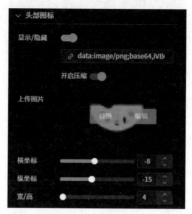

图4.32　头部图标

● 柱条高亮：设置柱条高亮的显示或隐藏；柱条的颜色和联动效果。柱条高亮
如图4.33所示。

图4.33　柱条高亮

⑤ 提示框属性。设置提示框的显示或隐藏；提示框的文本样式，包括字体、
字体粗细、字号、颜色等；提示框的背景样式，包括背景色、内边距及边框粗细和
颜色等。提示框属性如图4.34所示。

图4.34　提示框属性

⑥ 边框属性。该选项主要针对柱形图组件的外边框进行修改操作，在选择显示边框时，边框属性如图4.35所示。

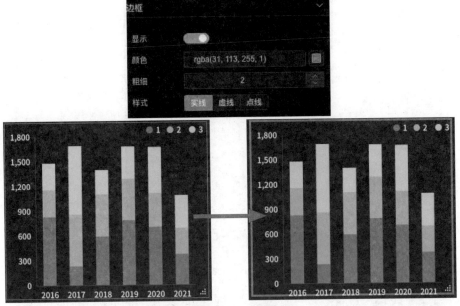

图4.35　边框属性

⑦ 背景属性。该选项主要针对柱形图组件的背景进行修改操作，并且提供三种编辑样式，如图4.36所示。

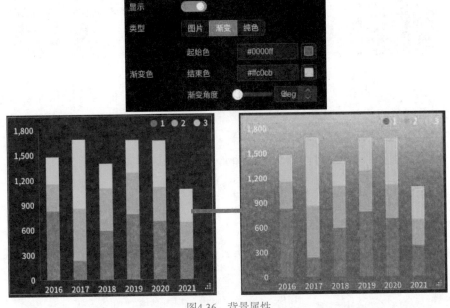

图4.36　背景属性

⑧ 辅助线属性。该选项主要通过添加辅助线来编辑柱形组件，如图4.37所示。

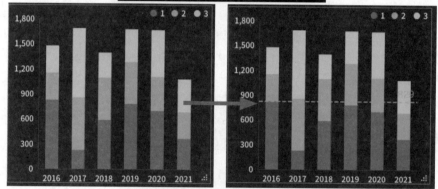

图4.37　辅助线属性

⑨ 预警属性。该选型主要针对柱形图中的数据进行阈值的监控和判断，并筛选出超出阈值的数据，以及对筛选出的阈值数据的样式进行设置。预警属性具体如图4.38所示。

⑩ 动画属性。第7章将详细介绍动画属性，此处不再说明。

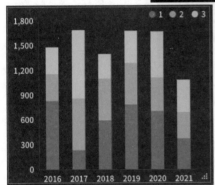

图4.38 预警属性

## 2. 数据配置

通过单击右侧面板中的"数据"字样切换到组件的数据配置状态栏。在该组件配置部分主要包含4个可执行操作的功能项："配置数据""数据处理""映射字段""数据更新"，如图4.39所示。

1) 配置数据

该选项下，在数据源类型对应的下拉列表中选择需要配置的数据源类型，如图4.40所示。

图4.39 数据配置

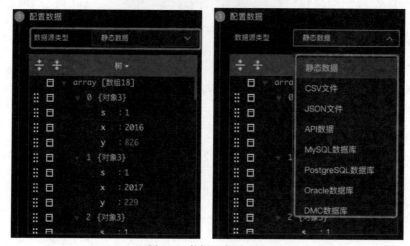

图4.40 数据源类型选择

在选择数据类型之后，可对图4.41中矩形框内的相关数据进行修改。有"树"和"代码"两种类型的修改方式，如图4.41所示。

图4.41　修改数据

其中，▦按钮可对"树"和"代码"的布局进行操作。

2) 数据处理

该选项下，可实现对柱形图组件内的相关数据进行过滤，从而筛选出目标数据。具体操作是单击"添加过滤器"，弹出"数据响应结果"弹窗。在该弹窗内，可选择使用的过滤器类型，并在"数据响应结果框"中展示对应的过滤效果，如图4.42所示。

3) 映射字段

该选项下，绘制本例中的柱形图需要3个字段：$x$，$y$和$s$，因此在字段栏需要设置3个字段。其中，"说明"列的类目、数值、系列分别对3个字段的属性进行定义。映射字段的设置如图4.43所示。

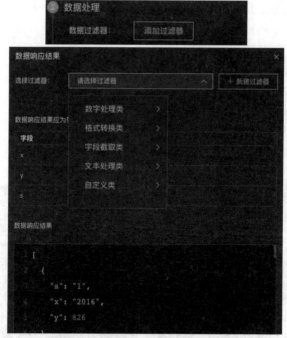

图4.42　数据处理

图4.43　映射字段

4) 数据更新

该选项下，可实现对柱形组件相关的数据自动更新。若勾选"自动更新"选项，则需要进一步设置自动更新的请求间隔，后续将每n秒请求更新数据一次，若数据有所变动，则自动更新数据值。数据更新的设置如图4.44所示。

图4.44　数据更新

3. 交互配置

在该选项栏下，有4个功能可实现对柱形组件的交互操作：联动、下钻、自定义事件和回调参数。交互配置如图4.45所示。

图4.45 交互配置

1) 联动

在设置联动的过程中，首先要确定主联动组件和被动联动的组件并对二者进行数据配置，配置好之后才可以设置联动。下面以选项卡和饼图联动为例进行说明。若想通过单击选项卡按钮(如：)达到只查看广东省的下属市的数据的目标，则需要进行如下操作。

(1) 选择合适的交互按钮

在组件列表的交互模块中选择合适的交互按钮，并将其拖曳至画布的合适位置。图4.46以拖曳"选项卡"组件为例进行展示。

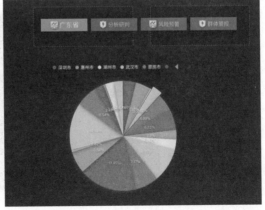

图4.46 拖曳"选项卡"

(2) 设置交互组件的数据部分

截取完整数据源中parent为"中国"的部分，将其粘贴到组件的数据处，如图4.47所示。

图4.47　数据配置

其中，name字段为组件显示出来的名称。以本数据集为例，更改后的组件如图4.48所示。

图4.48　更改后的组件

value字段对此组件无影响，可存在也可不存在。

parent字段为抛出值，需要存在。

(3) 设置交互组件的交互部分

将右侧面板切换至"交互"模块，如图4.49所示。

图4.49　"交互"模块

单击"联动"右侧的"+"按钮，添加一个联动，如图4.50所示。

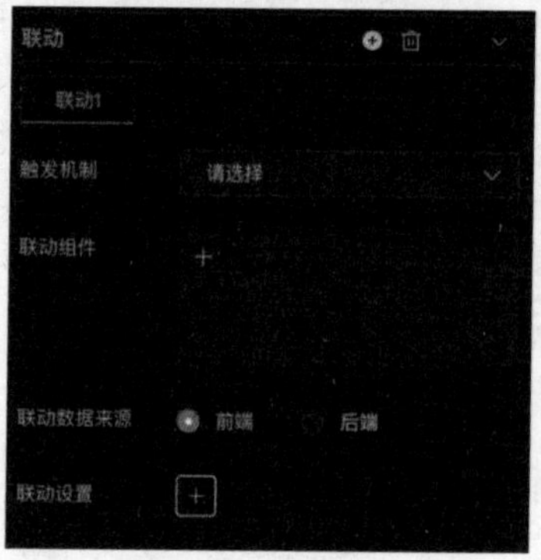

图4.50　添加联动

- 触发机制：在下拉菜单中，选择合适的触发机制。以本数据集为例，联动目标为"单击 广东省 按钮时，饼图只显示parent为'广东省'的数据"，因此触发机制为"点击tab时"，如图4.51所示。

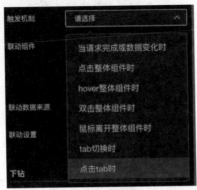

图4.51 触发机制

- 联动组件：单击"+"按钮后，将出现可以进行联动的图形。选择想要进行联动的图形即可(可多选)，如图4.52所示。

图4.52 联动组件

- 联动数据来源：由于饼图使用静态数据，因此本例选择前端。若交互对象使用DMC数据库，则此处选择后端。
- 联动设置：单击"+"按钮可选择联动字段，也可手动输入指定联动字段。本例选择name字段，如图4.53所示。

图4.53 联动设置

选择饼图的对应字段，本例选择parent字段，如图4.54所示。

图4.54　饼图对应字段

其中，name字段值为交互组件"抛出"的值。例如，广东省的name字段值就是"广东省"，将数据"广东省"抛出后，扫描饼图中parent字段值等于"广东省"的对象并筛选符合条件的对象，将这些对象绘制成饼图后输出。

饼图中，如图4.55所示的数据对象符合parent为"广东省"的要求，因此将这些对象整合成单独的饼图并输出。

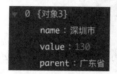  

图4.55　整合饼图

进入预览界面后，单击交互组件的"广东省"，可以得到如图4.56所示的饼图。

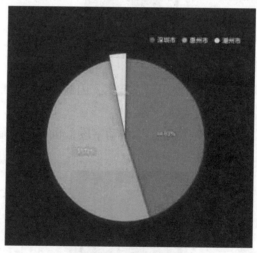

图4.56　预览结果

2) 数据下钻

以本数据集为例，若想通过单击柱形图的柱子来达到只查看江西省的下属市的数据的目标，则需要进行如下操作。

(1) 切换至组件的交互部分

双击需要进行下钻操作的图形组件，在右侧面板中切换至"交互"模块，如图4.57所示。

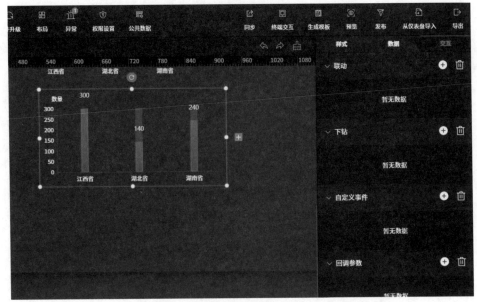

图4.57 交互模块

(2) 设置下钻

单击"下钻"选项右侧的"+"按钮，添加一个下钻。具体配置方式如图4.58所示。

图4.58 设置下钻

(3) 修改映射

在数据设置部分，对柱形图的映射字段进行修改。将$x$的映射字段修改为下钻字段，如图4.59所示。

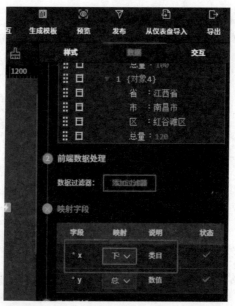

图4.59　修改映射字段

进入预览界面后，单击江西省对应的柱子，将对应出现江西省的市级，单击市级或区级，如图4.60所示。

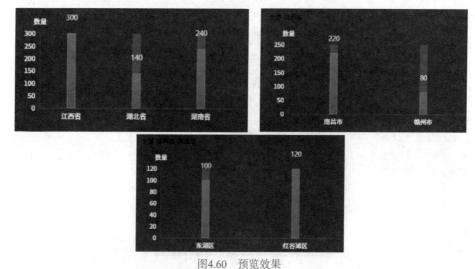

图4.60　预览效果

3) 自定义事件

首先，将组件的右侧面板切换至"交互"模块。

单击自定义事件右侧的"+"按钮即可添加一个事件，如图4.61所示。

图4.61　添加自定义事件

- 触发机制：在触发机制的下拉菜单中选择合适的触发机制。
- 事件类型：事件类型若为"控制其他组件"，则该组件会与其他组件进行联动；若事件类型为"仅发生动作"，则后续事件与其他组件无关。
- 条件：可以通过添加条件对触发机制进行进一步约束。
- 组件：仅当事件类型为"控制其他组件"时存在该选项。在组件列表下拉框中，选择与主组件关联的组件。
- 动作：在动作下拉菜单中选择合适的动作，当满足条件的触发机制出现时，就会执行此动作。
- 动画：若在上图中选择动画，则会出现如图4.62所示的界面。

图4.62　动画

　　下面以饼图为例，对自定义事件的设置进行说明(共两例，按照事件类型的选择进行区分)

　　例一　(事件类型为"控制其他组件")

　　事件目的：当点击"石家庄"扇面时，将组件"2.5D柱形图"隐藏。对事件的设置如图4.63所示。

图4.63 设置自定义事件

　　由于本例中对于触发机制还有一条限制，即只有当点击"石家庄"扇面时才将组件"2.5D柱形图"进行隐藏，点击其他扇面时不隐藏该组件，因此还需要添加条件。点击"添加条件"，对条件进行如图4.64所示的设置。

图4.64 添加条件

下面对图4.64中的设置进行解释说明。

- 判断类型："满足全部条件"即当所选扇面满足下列所有条件时才触发机制，仅满足其中部分条件不触发；"满足任一条件"即当所选扇面满足下列所有条件中任意一个或以上时即可触发机制。
- 添加条件：单击"添加条件"按钮即可添加条件。
- 类型：在类型的下拉菜单中，可以选择条件为自定义还是对组件数据中的字段设置条件限制。若选择"自定义条件"，则需要用户使用代码自定义特殊的条件需求。
- 设置条件：本例中限制的是name字段为"石家庄"的对象，因此设置为name==石家庄。在下拉菜单中，可以选择"抛出"项的名称/数值/系列/对象数据，也可以选择等于/不等于/小于/大于/小于等于/大于等于/包含/不包含。"值"部分需要手动输入，字符串或数值类型的数据均可。

完成条件设置后，单击"保存"即可。

至此，事件目的为"当点击'石家庄'扇面时，将组件"2.5D柱形图"隐藏"的自定义事件设置就完成了。

例二 (事件类型为"仅发生动作")

事件目的：当点击"石家庄"扇面时，将此饼图隐藏。对事件的设置如图4.65所示。

图4.65 设置自定义事件

4)回调参数

回调参数是组件间需要实现数据联动、下钻或自定义事件时用到的动态参数。相比于用字段名称、数值、系列和数据进行交互，回调参数的加入使得这个过程更加灵活。

单击右侧面板"交互"模块下"回调参数"右侧的"+"按钮，添加一个回调，如图4.66所示。

图4.66 设置回调

在字段值的下拉菜单中，选择"抛出"数值的方式。例如，图4.66中的"轮播扇面信息"就是指在组件轮流展示(默认)每一个对象时，自动抛出这个对象的内容并将其命名为"xxx"。

若需要在联动/下钻/自定义事件中调用此回调参数，可在联动设置中选择该变量；如需要调用该对象下的某个字段值，则可以在输入框中按照xxx.字段名的形式调用，如图4.67所示。

图4.67 使用回调

### 4. 应用案例

以统计早高峰各站点上车客流人次top10为例，维度为上车站点名称，数值为出行编码计数。结果如图4.68所示。

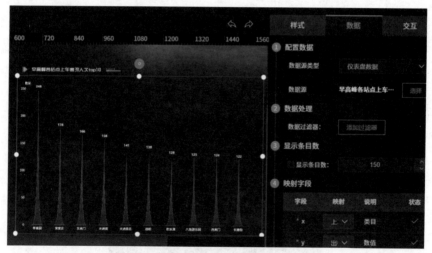

图4.68 早高峰各站点上车客流人次top10

## 4.2.2 散点图应用

相关性用于展示两个元素之间的关系，主要用来展示线性变化关系、多项式相关关系、非线性相关关系等，可以用点线图表示。散点图用两组数据构成多个坐标点，通过考察坐标点的分布，判断两变量之间是否存在某种关联或总结坐标点的分布模式。散点图将序列显示为一组点，值由点在图表中的位置表示，类别由图表中的不同标记表示。散点图通常用于比较跨类别的聚合数据。例如，查看不同区县在薪资水平和奖金方面是否存在相关关系，其中，维度为区县，数值为工资求和、奖金求和。结果如图4.69所示。

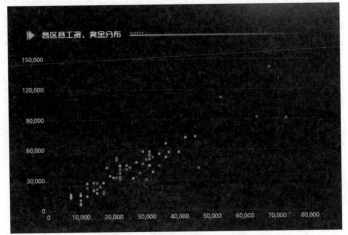

图4.69　各区县工资、奖金分布散点图

### 4.2.3　多类型图表应用

多类型图表指一个图表中创建多种类型的图表，便于查看数据之间的关系。例如，查看不同年份入职员工工资、奖金分布情况，结果如图4.70所示。

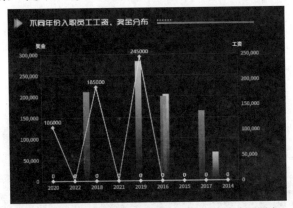

图4.70　不同年份入职员工工资、奖金分布多类型图表

### 4.2.4　其他常见图表应用

其他常见的图表还有雷达图，漏斗图等。下面，以漏斗图为例，介绍其他常见图表的应用方法。

漏斗图适用于业务流程比较规范、周期长、环节多的单流程单向分析。通过漏斗图对各环节业务数据进行比较，能够直观地分析各业务环节中出现问题的部分，进而做出决策。漏斗图本质上是一个倒三角形的条形图。

漏斗图的所有环节都应该使用同一个度量。例如，查看××地区刑事案件状态情况的漏斗图如图4.71所示。

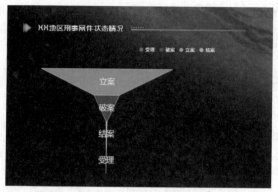

图4.71　××地区刑事案件状态情况漏斗图

# 4.3　布局组件应用技巧

良好的结构布局有利于提高观看体验，帮助观看者快速在大屏上找到所需的内容，减少寻找信息的时间。

## 4.3.1　3D背景组件应用

每个组件的配置都包括样式、数据和交互三个方面，所以，后续组件的配置过程几乎都会从这三方面进行说明。由于数据和交互配置与柱形图组件的相关配置相似，此处仅详细介绍3D背景组件的样式配置选项。

### 1. 样式配置

在大屏编辑界面，可通过鼠标将3D背景列表栏内的任一3D背景组件拖曳至画布中。3D背景组件的使用方法如图4.72所示。

图4.72　3D背景组件

首先，单击画布区域内的组件，通过切换红色矩形框③内的"样式""数据"和"交互"三个面板实现对该3D背景组件的配置相关项进行查看及配置操作。其中，红色矩形框④可实现对大屏布局相关项的显隐性操作，红色矩形框⑤可预览3D背景组件在画布中的位置。

选中并右击画布中3D背景，可修改3D背景的位置、名称等信息，如图4.73所示。

图4.73 3D背景管理

在右侧面板中选中"样式"面板，可配置柱形组件的基本属性，包括位置尺寸、透明度等，如图4.74所示。

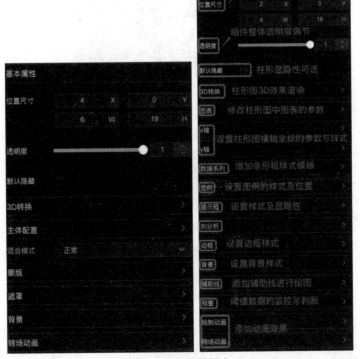

图4.74 3D背景样式

- 位置尺寸：可以直接在矩形框内自定义3D背景组件在画布中的位置及尺寸大小。
- 透明度：拖曳透明度的滑动按钮或直接输入数值均可调整透明度的数值，范围取[0,1]。
- 默认隐藏：若选中"默认隐藏"复选框，则该3D背景组件将在画布中直接隐藏。
- 3D转换：若开启3D转换，则将呈现如图4.75所示的样式效果，且能够自定义调整3D效果。

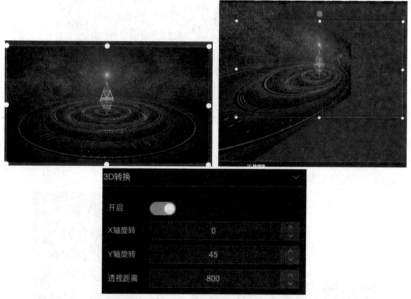

图4.75　3D转换

- 主体配置：单击主题配置下拉框将展示修改功能选项。通过嵌入视频链接并对视频的位置进行水平和垂直方向的调整完成主体配置，如图4.76所示。

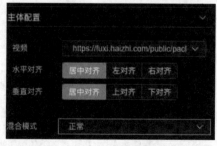

图4.76　主体配置

其中，混合模式可以修改图层主体的整体颜色，如图4.77所示。

- 蒙版：可以对组件的形状进行相关设置，包括替换和改色，以及尺寸大小和物理位置，如图4.78所示。

图4.77　修改主体颜色

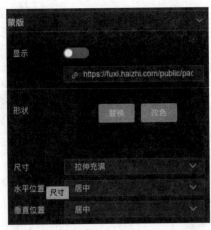

图4.78　蒙版

其中，单击"替换"按钮可以实现对页面背景的替换，单击"改色"按钮可实现对图片的改色处理，如图4.79所示。

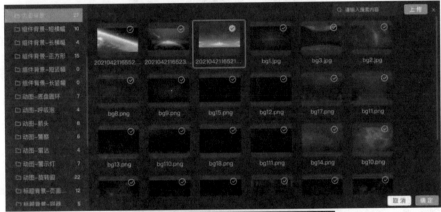

图4.79　替换背景

● 遮罩：对图层的背景进行设置，也可以对图层的样式进行修改，如图4.80所示。

图4.80　遮罩

- 背景：对3D背景组件的背景进行修改操作，提供三种选择样式，如图4.81所示。

图4.81　背景

- 转场动画：可以添加动画效果，如图4.82所示。

图4.82　转场动画

**2. 数据配置**

与柱形图数据配置相关设置相似。

**3. 交互配置**

与柱形图交互配置相关设置相似。

### 4.3.2　图文标题组件应用

标题能够概括大屏要素的主要内容，从而让观看者快速了解大屏上各个要素的主要内容。

### 1. 样式配置

在大屏编辑界面，可通过鼠标将图文标题列表栏内的任一图文标题组件拖曳至画布中。图文标题组件的使用方法如图4.83所示。

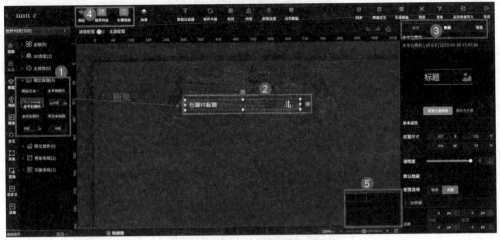

图4.83　图文标题

首先，单击画布区域内的组件，通过切换红色矩形框③内的"样式""数据"和"交互"三个面板实现对该图文标题组件的配置相关项进行查看及配置操作。其中，红色矩形框④可实现对大屏布局相关项的显隐性操作，红色矩形框⑤可预览图文标题组件在画布中的位置。

选中并右击画布中图文标题，可修改图文标题的位置、名称等信息，如图4.84所示。

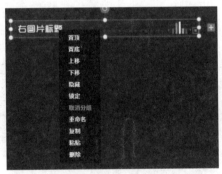

图4.84　图文标题管理

在右侧面板中选中"样式"面板，可配置柱形组件的基本属性，包括位置尺寸、透明度等，如图4.85所示。

图4.85　图文标题样式

- 位置尺寸：可以直接在矩形框内自定义图文标题组件在画布中的位置及尺寸大小。

- 透明度：拖曳透明度的滑动按钮或直接输入数值均可调整透明度的数值，范围取[0,1]。

- 默认隐藏：若选中"默认隐藏"复选框，则该图文标题组件将在画布中直接隐藏。

- 3D转换：若开启3D转换，则将呈现如图4.86所示的样式效果，且能够自定义调整3D效果。

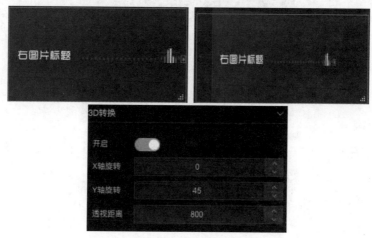

图4.86　3D转换

- 边距：调整组件边距大小。
- 文本：对组件中的文本样式进行修改，如图4.87所示。

图4.87　文本

- 图片：对图层中的图片进行显隐性操作及样式修改，如图4.88所示。

图4.88　图片

- 倒影：对图文标题组件进行倒影设置，如图4.89所示。

图4.89　倒影

- 背景：对图文标题组件的背景进行修改操作，提供三种选择样式，如图4.90所示。

图4.90　背景

- 转场动画：可以添加动画效果。

**2. 数据配置**

与柱形图数据配置相关设置相似。

**3. 交互配置**

与柱形图交互配置相关设置相似。

### 4.3.3　其他布局组件应用

其他布局组件还有很多，如功能布局组件、骨架布局组件等，其配置方式与图文标题、3D背景设置方式相似。

## 4.4　数据组件应用技巧

大屏上，一些重要的数据指标呈现尤为重要，这些数据指标能够清晰地反映数据量。

### 4.4.1　文本组件应用

将从通用配置以及差异化配置两方面介绍文本组件应用。

## 1. 通用配置

### 1) 样式配置

在大屏编辑界面，可通过鼠标将文本列表栏内的任一文本组件拖曳至画布中，文本组件的使用方法如图4.91所示。

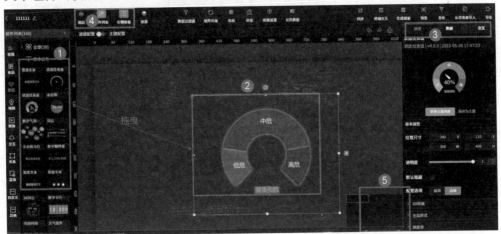

图4.91　文本组件

首先，单击画布区域内的组件，通过切换红色矩形框③内的"样式""数据"和"交互"三个面板实现对该文本组件的配置相关项进行查看及配置操作。其中，红色矩形框④可实现对大屏布局相关项的显隐性操作，红色矩形框⑤可预览文本组件在画布中的位置。

选中并右击画布中文本，可修改文本组件的位置、名称等信息，如图4.92所示。

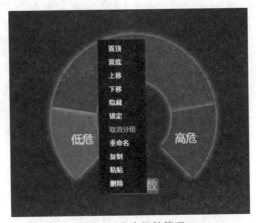

图4.92　文本组件管理

在右侧面板中选中"样式"面板，可配置文本组件的基本属性，包括位置尺寸、透明度等，如图4.93所示。

图4.93　文本样式

- 位置尺寸：可以直接在矩形框内自定义文本组件在画布中的位置及尺寸大小。
- 透明度：拖曳透明度的滑动按钮或直接输入数值均可调整透明度的数值，范围取[0,1]。
- 默认隐藏：若选中"默认隐藏"复选框，则该文本组件将在画布中直接隐藏。
- 3D转换：若开启3D转换，则将呈现如图4.94所示的样式效果，且能够自定义调整3D效果。

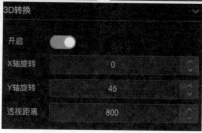

图4.94　3D转换

- 全局样式：调节图层在边框中的位置。
- 刻度表：调节图层的样式布局，如图4.95所示。

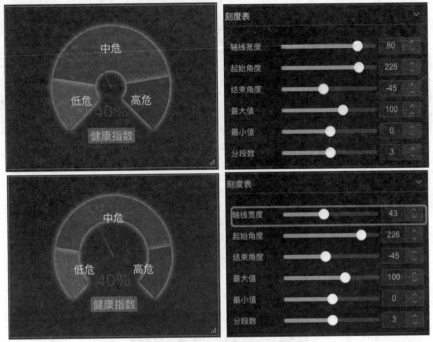

图4.95 刻度表

其中，刻度标签的显隐性设置如图4.96所示。

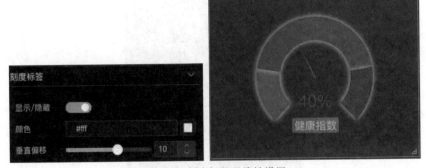

图4.96 刻度标签显隐性设置

进度条的显隐性设置如图4.97所示。

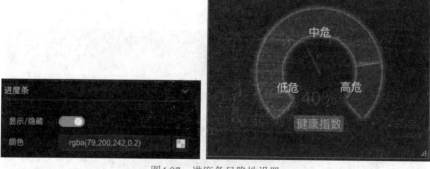

图4.97　进度条显隐性设置

- 文本：对组件中的文本样式进行修改，如图4.98所示。

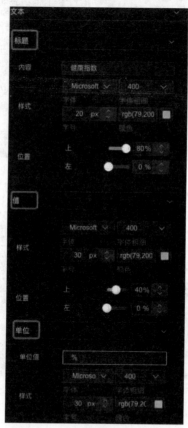

图4.98　文本

- 指针：调节组件中指针的样式及其边框的样式，如图4.99所示。

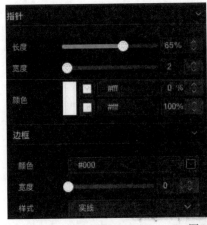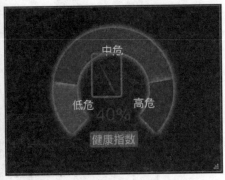

图4.99 指针

- 分段样式：对环形框样式进行设置，如图4.100所示。

图4.100 分段样式

- 边框：对边框的显隐性进行设置。
- 背景：对文本组件的背景进行修改操作，提供三种选择样式。
- 绘制动画和转场动画：可以添加动画效果。

2) 数据配置

与柱形图数据配置相关设置相似。

3) 交互配置

与柱形图交互配置相关设置相似。

2. 差异配置

1) 水位图组件

与通用型文本组件相比，水位图组件增加了更换主题风格样式功能。单击"更换主题风格"可进入主题选择界面，如图4.101所示。

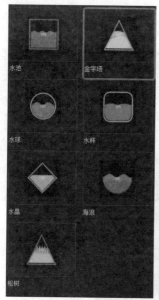

图4.101　水位图修改主题风格

- 波浪：修改水位图的波浪样式，如图4.102所示。

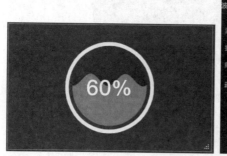

图4.102　波浪

- 数据系列：修改相关数据的颜色样式，如图4.103所示。

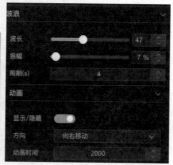

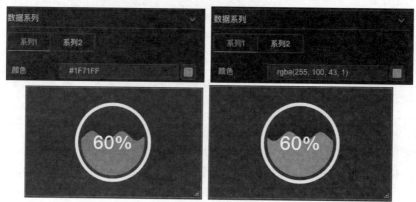

图4.103　数据系列

2) 3D词云组件

- 浮层：对浮层的背景及文本样式进行修改，如图4.104所示。

图4.104 浮层

3) 数字气泡组件

- 气泡：对气泡样式进行修改，如图4.105所示。

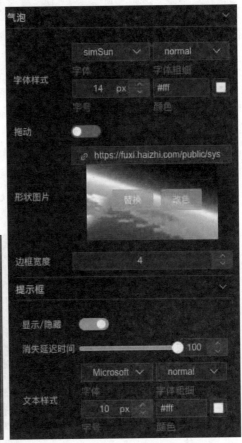

图4.105 气泡

4) 数字翻牌器组件

- 翻牌器：翻牌器计算，如图4.106所示。

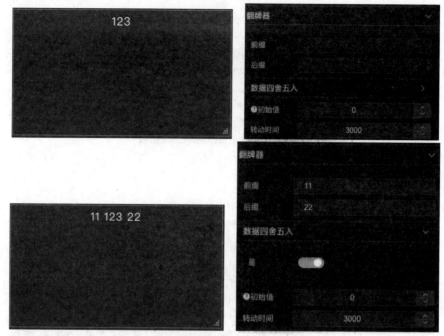

图4.106　翻牌器

● 渐变字体：对文本字体的样式进行修改，如图4.107所示。

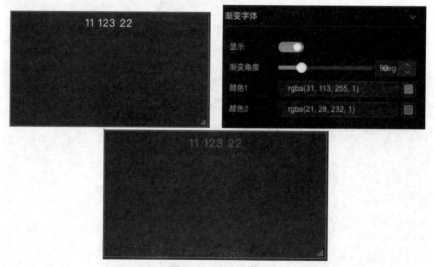

图4.107　渐变字体

● 阴影与倒影：对阴影和倒影样式进行修改，如图4.108所示。

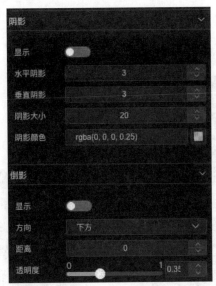

图4.108　阴影与倒影

5) 当前时间

- 动态时间：打开后显示时间将与电脑时间同步，关闭后时间不再改变，如图4.109所示。

图4.109　动态时间

6) 星级文本

- 五角星样式：五角星样式修改，可修改五角星颜色、背景颜色、间距及边框颜色和粗细，如图4.110所示。

 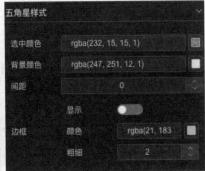

图4.110　五角星样式

7) 天气组件

- 温度：可修改温度相关样式，如图4.111所示。
- 天气文字：可修改天气文字的样式，如图4.112所示。

图4.111　温度

图4.112　天气文字

其中，渐变色和阴影的设置如图4.113所示。

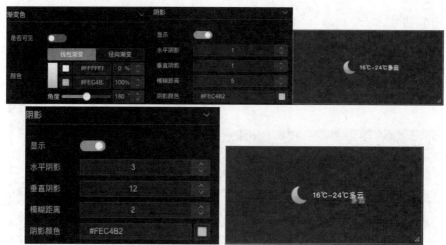

图4.113　渐变色和阴影

● 天气图标：可修改天气图标的样式，如图4.114所示。

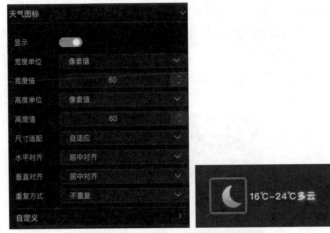

图4.114　天气图标

### 4.4.2　数据集组件应用

将从通用配置以及差异化配置两方面介绍数据集组件应用。

**1. 通用配置**

**1) 样式配置**

在大屏编辑界面，通过鼠标将数据集列表栏内的任一数据集组件拖曳至画布中。数据集组件的使用方法如图4.115所示。

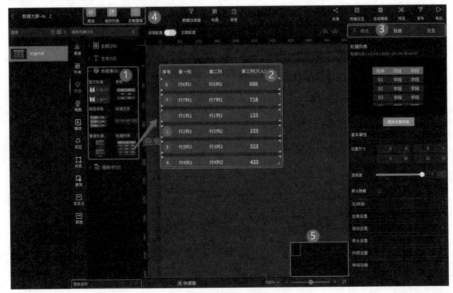

图4.115　数据集组件

首先，单击画布区域内的组件，通过切换红色矩形框③内的"样式""数据"和"交互"三个面板实现对该数据集组件的配置相关项进行查看及配置操作。其中，红色矩形框④可实现对大屏布局相关项的显隐性操作，红色矩形框⑤可预览数据集组件在画布中的位置。

选中并右击画布中的数据集图层，可修改数据集的位置、名称等信息，如图4.116所示。

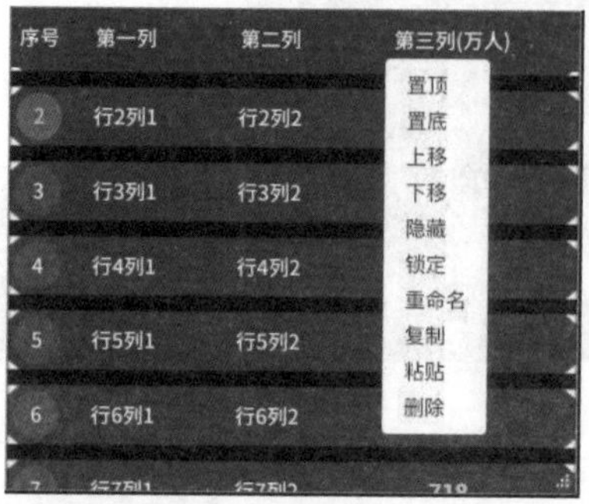

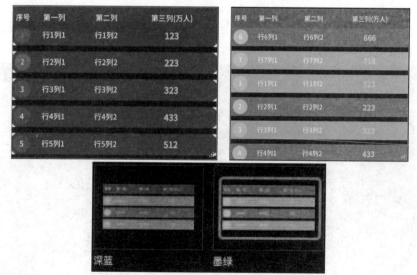

图4.116　数据集组件管理

在右侧面板中选中"样式"以更换多数据集的主题风格。单击"更换主题风格"，左侧将出现可供选择的主题模板弹窗。选择矩形框内的主题模板，将基础样式更换为紫金渐变主题。更换后的效果如图4.117所示。

图4.117　更换效果

在右侧面板中选中"样式"面板，可继续配置数据集组件的基本属性，包括位置尺寸、透明度等，如图4.118所示。

图4.118　样式设置

其中，涉及尺寸、样式的修改有：位置尺寸、3D转换、坐标轴、数据系列、图例、提示框、边框、背景。

涉及显隐性操作的有：默认隐藏、数据系列、图例、提示框、边框、背景。

涉及联动效果的有：绘制动画、动画效果、转场动画。

- 位置尺寸：可以直接在矩形框内自定义数据集组件在画布中的位置及尺寸大小。
- 透明度：拖曳透明度的滑动按钮或直接输入数值均可调整透明度的数值，范围取[0,1]。
- 默认隐藏：若选中"默认隐藏"复选框，则该数据集组件将在画布中直接隐藏。
- 3D转换：若开启3D转换，则能够自定义调整3D效果。
- 全局设置：设置组件的行号显隐性、tooltip显隐性、下划线显隐性及对应的文本样式。
- 滚动设置：设置组件中行的滚动样式及效果。
- 表头设置：对数据集组件的表头进行显隐性设置和样式修改。
- 内容设置：对数据集组件中的内容进行文本样式及背景样式的修改。
- 转场动画：对数据集组件的动画效果进行设置。

2) 数据配置

与柱形图数据配置相关设置相似。

3) 交互配置

与柱形图交互配置相关设置相似。

## 2. 差异配置

### 1) 图文轮播组件

在该组件的"基本属性"功能选项下，额外有字段名称、字段内容和左图片属性。

- 字段名称：修改字段名称的文本样式及空间位置，如图4.119所示。

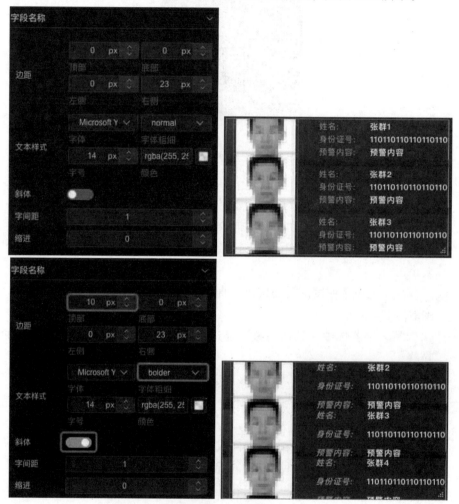

图4.119　字段名称

- 字段内容：修改字段内容的文本样式及空间位置，如图4.120所示。

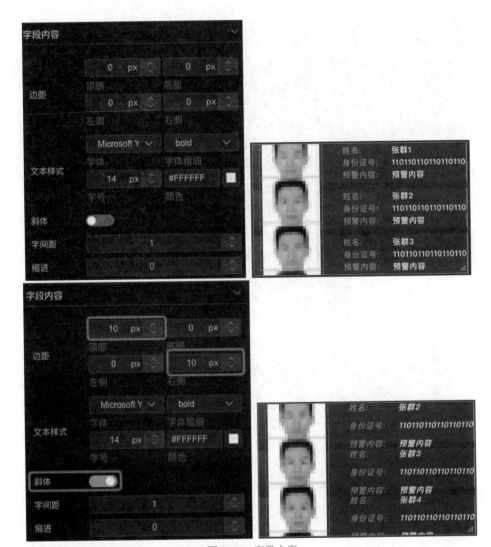

图4.120　字段内容

- 左图片：修改组件左侧图片的样式。

2) 渐变表格

在该组件的"基本属性"功能选项下，额外有表头、行设置、列设置属性。

- 表头：可进行表头显隐性设置及样式修改，如图4.121所示。

图4.121　表头

- 行设置：对组件的"行"相关属性进行新增和设置。
- 列设置：对组件的"列"相关属性进行新增和设置。

## 4.4.3　指标卡组件应用

将从通用配置以及差异化配置两方面介绍指标卡组件应用。

### 1. 通用配置

1) 样式配置

在大屏编辑界面，通过鼠标将指标卡列表栏内的任一指标卡组件拖曳至画布中，如图4.122所示。

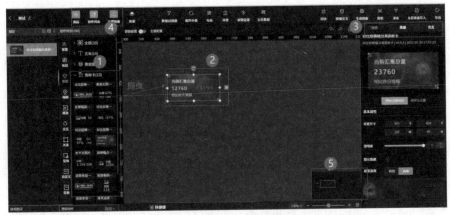

图4.122 指标卡组件样式

首先，单击画布区域内的组件，通过切换红色矩形框③内的"样式""数据"和"交互"三个面板实现对该指标卡组件的配置相关项进行查看及配置操作。其中，红色矩形框④可实现对大屏布局相关项的显隐性操作，红色矩形框⑤可预览指标卡组件在画布中的位置。

选中并右击画布中的指标卡，可修改指标卡的位置、名称等信息，如图4.123所示。

在右侧配置面板中选中"样式"面板，可继续配置指标卡组件的基本属性，包括位置尺寸、透明度等，如图4.124所示。

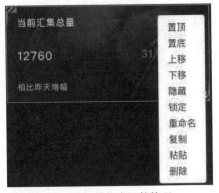

图4.123 指标卡组件管理

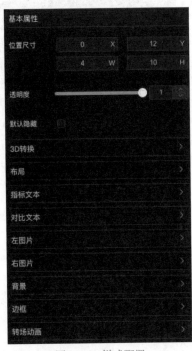

图4.124 样式配置

- 位置尺寸：可以直接在矩形框内自定义指标卡组件在画布中的位置及尺寸大小。
- 透明度：拖曳透明度的滑动按钮或直接输入数值均可调整透明度的数值，范围取[0,1]。
- 默认隐藏：若选中"默认隐藏"复选框，则该指标卡组件将在画布中直接隐藏。
- 3D转换：若开启3D转换，则能够自定义调整3D效果。
- 布局：点击图标下拉框，展示布局修改功能选项，包括边距、图文排列和水平对齐。
- 指标文本：点击图标下拉框，展示指标文本修改功能选项，包括文本布局、指标标题和内容。
- 对比文本：可设置百分比文本显隐性及样式修改。
- 状态配置：修改百分比的颜色样式，如图4.125所示。

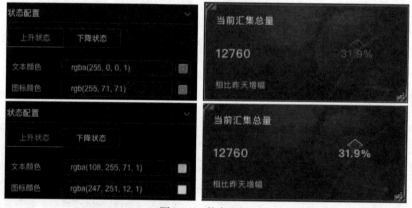

图4.125　状态配置

- 左/右图片：可设置组件中左右两边图片的样式及显隐性。
- 边框：对指标卡组件的外边框进行修改操作。
- 背景：对指标卡组件的背景进行修改操作，提供三种选择样式，如图4.126所示。
- 转场动画：可以添加动画效果。

2) 数据配置

与柱形图数据配置相关设置相似。

3) 交互配置

与柱形图交互配置相关设置相似。

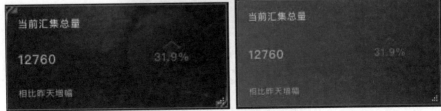

图4.126 背景

## 2. 差异配置

1) 进度条端横幅指标卡

在该组件的"基本属性"功能选项下，额外有进度条背景、进度条属性。

● 进度条背景：对进度条背景进行更改及显隐性设置，如图4.127所示。

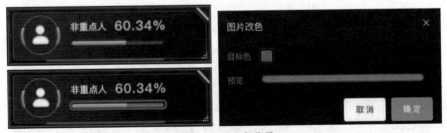

图4.127 进度条背景

● 进度条：对进度条样式进行更改及显隐性设置。

2) 进度条双值指标卡

在该组件的"基本属性"功能选项下，额外有'应用'设置和'已用'设置，如图4.128所示。

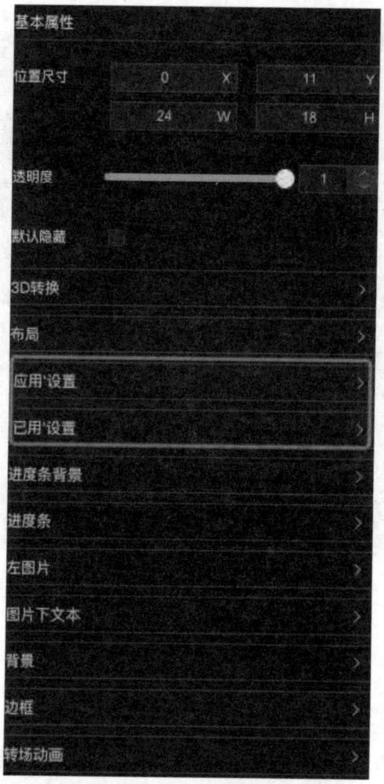

图4.128　样式配置

- ‘应用’设置：对组件内对应的应用进行样式的调整，如图4.129所示。

图4.129　‘应用’设置

- ‘已用’设置：对组件内对应的已用进行样式的调整，如图4.130所示。

3) 渐进进度条短横幅指标卡

在该组件的“基本属性”功能选项下，额外有刻度值布局。

- 刻度值布局：对刻度值布局进行显隐性及样式设置，如图4.131所示。

图4.130 '已用'设置

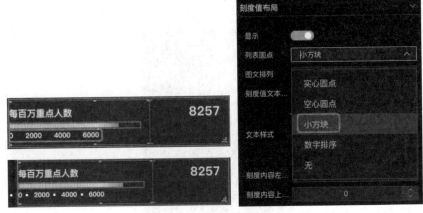

图4.131 刻度值布局

# 4.5 可视化大屏管理

可视化大屏管理主要分为图层管理、组件管理、大屏管理和分组管理4部分。

## 4.5.1 图层管理

单击页面上方"图层"按钮，页面左侧将显示图层模块。在该区域，可对图层进行位置移动、锁定、隐藏等操作，实现对大屏各图层的管理，如图4.132所示。

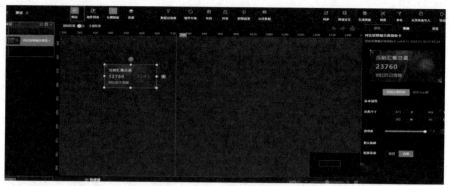

图4.132　图层管理

　　右击某一图层(或画布中的某一组件)即可展示该图层的全部图层管理功能，如图4.133所示，可在此直接对图层进行相关操作。

图4.133　图层管理操作

- 置顶、置底：图层列表默认按照自顶向下的顺序对组件进行排列展示，重合时优先显示排在前面的组件。若将某个组件进行置顶操作，则该组件的图层将直接上升至列表最顶端，即当该组件与其他组件重合时，优先显示该组件的全部内容。置底则是将该组件放置在图层最底部。
- 上移、下移：将该组件上移/下移一层。
- 隐藏、取消隐藏：该组件将会/不会在画布中显示。该组件在图层列表中会显示◎图标作为隐藏表示。若要取消隐藏，单击◎图标即可。
- 锁定、解锁：若锁定某一组件，则将无法通过拖曳在画布上移动该组件，并显示如图4.134所示的锁定框作为锁定提示。同时，该组件在图层列表中会显示如图4.135所示的图标作为锁定标识。若要取消锁定，单击🔒图标或右击组件并选择"解锁"即可。

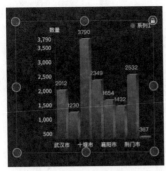

图4.134 锁定提示

图4.135 锁定标识

- 重命名：单击"重命名"按钮，在弹窗中输入新定义组件名称后，单击"确定"按钮即可。
- 复制、粘贴：可复制粘贴组件的全部信息。
- 删除：删除某个组件，且删除后无法恢复。

## 4.5.2 组件管理

### 1. 添加、删除组件

在画布左侧的组件栏中选中所需组件，将其拖曳至画布中即可完成组件的添加。右击画布中的组件，在下拉菜单中选择"删除"即可删除组件，或选中该组件后通过按Delete键进行删除。

### 2. 复制、粘贴组件

在画布中右击组件，在弹出的菜单中单击"复制"即可完成复制。右击画布空白处，在弹出的菜单中单击"粘贴"即可将原组件的数据和设置全部复制到空白处。在两个不同大屏中也支持复制粘贴，例如，在A大屏中复制的组件可以粘贴到B大屏中。

### 3. 锁定、显隐组件

在画布中右击某一组件，在弹出的菜单中单击"锁定"即可锁定该组件。被锁定的组件将无法进行任何操作，如需修改组件配置，则需要解锁组件。

可以通过单击图层列表中组件右方的🔒图标解锁组件，也可单击画布中组件锁定框右上方的🔒图标。

在画布中右击选中的组件，在弹出的菜单中单击"隐藏"即可隐藏该组件。组件隐藏后，将在画布中变为灰色。同时，在画布左侧图层列表中的对应组件右方会出现👁图标。可通过单击该👁图标实现将组件取消隐藏。

### 4. 搜索、选择组件

伏羲数据可视化平台中的组件均可在画布左侧的组件列表中搜索得到。当需要快速查找某一组件时，可使用组件搜索功能。

单击画布左侧的组件列表下方的搜索框即可搜索组件，该搜索框支持对组件名称进行模糊搜索。

当画布中有多个组件重叠时，可在图层栏中快速、准确地选中某一组件。在图层中选中的组件将在画布中显示出编辑框，方便用户快速对组件进行编辑。

## 4.5.3　大屏管理

- 大屏保存预览：操作方式同4.1.3。
- 大屏发布共享：操作方式同4.1.3。
- 大屏导入导出：操作方式同4.1.3。
- 大屏移动删除：将光标移至大屏项目处，单击"拖曳开始移动" ✛按钮就可以移动大屏位置，如图4.136所示。

图4.136　大屏移动

将光标移至大屏项目处，单击"删除"按钮，如图4.137所示。

图4.137　删除大屏

之后将弹出如图4.138所示的弹窗。

图4.138　删除弹窗

单击确认后，即可删除该大屏，且无法恢复。

## 4.5.4　分组管理

分组管理分为新建分组、重命名分组以及删除分组三部分。

### 1. 新建分组

单击左侧"我的分组"栏目右上角的"+"按钮并在输入框中输入新建分组的名称即可新建分组，如图4.139所示。

图4.139　新建分组

### 2. 重命名分组

将光标移至想要进行重命名操作的组别上，将自动显示如图4.140所示的按钮。

图4.140　重命名按钮

单击🖊图标，在输入框中输入新的分组名称即可重命名分组，如图4.141所示。

图4.141　新名称

### 3. 删除分组

将光标移至想要进行删除操作的组别上，单击"删除"按钮，如图4.142所示。

图4.142　删除按钮

在弹出的如图4.143所示的弹窗中单击"确定"按钮即可完成删除。

图4.143　删除弹窗

被删除的分组下的大屏将被自动移入"未分组"分组。

# 第 5 章
# 数据可视化基础大屏实操案例

## 5.1 大屏设计原则

要制作出精美的大屏，快速吸引观看者的眼球，就需要了解大屏的设计原则，以做好充足的准备。

### 5.1.1 信息结构

在制作大屏时，信息结构是第一个要遵循的设计原则。清晰的结构层次能够让人一目了然。可以采用总分式的结构，建议深度小于3层，广度少于8个。

### 5.1.2 交互原则

好的交互设计能够让人眼前一亮，在设计交互时，可以从概览第一、聚焦过滤、查看详情、由上到下、由表及里等方面进行考虑。

在实际业务项目中，业务指标一般可划分为一、二、三级指标。信息架构主要按由上到下的思维方式设置，一级指标及核心运行情况通过大屏首屏呈现，二、三级指标及关键数据趋势等详情则通过点击钻取的方式获取。对于一级指标过多的情况，可通过轮播的方式管理。基于大屏的演示场景和自主掌控强弱程度不同，轮播有手动和自动两种方式。

大屏呈现的结论性的指标(预测性及隐性指标)都是基于后台的算法模型获取数据，直接指导最终决策。因此，这些算法/模型的正确度、时效性及有效度非常重要，这些指标通常也会被提炼为相关指标呈现。

大屏的点击钻取层级基于业务数据本身的结构关系、数据之间的业务逻辑层级和构成关系，再结合目标用户的查看体验共同决定。通常层级不超过三级，例如，一级指标总屏呈现，二、三级指标通过联动下钻进行呈现。

### 5.1.3 可视化表达

主要考虑两类数据的可视化表达：单数据的可视化表达、数据间关系的可视化表达。其中，单数据的可视化表达主要基于数据本身的结构，而数据间关系的可视化表达主要基于数据间关系和参与的数据维度(数量)。

单数据结构和可视化表达类型总结如下。

- 单值和散点类：数值直接表达、图形化，长度/高度、面积、色值饱和度(见于热力图)、体积(3D)。
- 连续类：曲线、曲面。
- 趋势类：曲线、曲面。
- 对比类：柱形(纵向/横向、叠加、多柱)图、曲线图结合柱形图。
- 占比类：饼图、玫瑰图。
- 分布类：气泡图、热力图、箱体图。
- 相关关系类：散点图、曲线图。

可视化表达的宗旨为：将信息快速、准确、即时传达给目标用户。

## 5.1.4　大屏规范提取/设计

大屏规范提取/设计主要包含整体布局、配色规范、文案规范及设计稿尺寸与适配。

### 1. 整体布局

布局规范，故事线清晰。例如，如图5.1所示的整体布局。

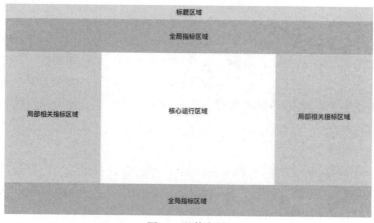

图5.1　整体布局

### 2. 配色规范

大屏整个主题风格配色相近。具体配色规范可详见第2章。

### 3. 文案规范

字体、字号、字色统一。具体文案规范可详见第2章。

#### 4. 设计稿尺寸与适配

应根据输出端选择相匹配的尺寸。

## 5.2　从0到1制作数据大屏

从0到1是最难的，而从1到100只不过是在已有基础上复制的过程。接下来，将以××城市地铁刷卡基本情况分析为例，展开说明从0到1制作大屏的全流程。

### 5.2.1　数据大屏需求梳理

为满足城市交通局的需求，本例中大屏的主题围绕××城市所有地铁刷卡情况分析展开。大屏将在PC端展示，实时动态更新，能够看到××城市地铁刷卡的基本情况。

为更好地呈现地铁刷卡情况，大屏上所要呈现的指标包括：早晚高峰出入站客流量、早晚高峰各站点进出站客流情况、最近一周客流趋势、××日客流占比、××日客流进出站数量排名、出行详情等。

### 5.2.2　数据大屏主题确定

大屏的主题风格确定为以蓝色系为主，大屏标题确定为"××城市地铁刷卡基本情况"。

### 5.2.3　数据大屏样式设计

大屏的样式设计包括尺寸、布局、边框、文字等。尺寸设置为：分辨率为1920*1080，比例为16∶9。布局草图如图5.2所示。边框为系统自带边框，以蓝色系为主基调。字体全部统一为时尚黑中简体，大标题字号为40，小标题字号为30，图表内的字号为25。

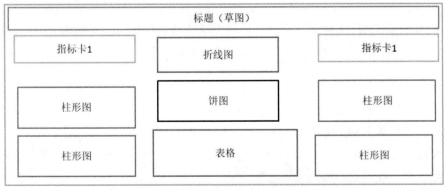

图5.2　布局草图

### 5.2.4    数据大屏数据处理

使用DMC/Excel处理数据表"××城市地铁出行进出站信息表",数据表字段如表5.1所示。

表5.1    ××城市地铁出行进出站信息表

| | |
|---|---|
| AFC_USEROD_ID | 出行编码 |
| GRANT_CARD_CODE | 卡编码 |
| ON_LINE_ID | 上车线路ID |
| ON_LINE_NAME | 上车线路名称 |
| ON_STATION_ID | 上车站点ID |
| ON_STATION_NAME | 上车站点名称 |
| ON_STATION_TIME | 刷卡进站时间 |
| OFF_LINE_ID | 下车线路ID |
| OFF_LINE_NAME | 下车线路名称 |
| OFF_STATION_ID | 下车站点ID |
| OFF_STATION_NAME | 下车站点名称 |
| OFF_STATION_TIME | 刷卡出站时间 |
| ON_LON | 上车站点经度 |
| ON_LAT | 上车站点纬度 |
| OFF_LON | 下车站点经度 |
| OFF_LAT | 下车站点纬度 |
| TRAVEL_TIME | 行程时间 |
| DISTANCE | 行程距离 |
| DATASOURCE | 数据来源 |

#### 1. 数据处理步骤

(1) 重复数据:卡号去重。

(2) 结构不完整数据:检查刷卡数据是否完整。

(3) 异常数据:刷卡时间是否与站序吻合,处理关系为判断刷卡出站时间>刷卡进站时间;刷卡间隔时间是否合理,处理关系为判断行程时间范围为5~180;刷卡时间是否在运营时段,处理关系为判断进站时刻范围为4~23。

#### 2. 数据分析的结果内容

计算出行时间:刷卡出站时间–刷卡进站时间。

计算进站客流量:维度为刷卡进站时间(按时),数值为对出行编码计数。

交通OD量(出行量):维度为上车线路名称、上车站点名称、下车线路名称、下车站点名称,数值为对出行编码计数。

小时出发量(含经纬度):维度为刷卡进站时间(按日)、刷卡进站时间(按时)、上车线路名称、上车站点名称、上车站点经度、上车站点纬度，数值为对出行编码计数。

### 3. 输出结果表的字段

出行时间结果表：刷卡进站时间、刷卡出站时间、出行编码、上车线路名称、上车站点名称、下车线路名称、下车站点名称、数据来源、进站日期、出行时间、卡编码、上车线路ID、上车站点ID、下车线路ID、下车站点ID、上车站点经度、上车站点纬度、下车站点经度、下车站点纬度、行程时间、行程距离、进站小时。

小时出发量(含经纬度)结果表：刷卡进站时间(按日)、刷卡进站时间(按时)、上车线路名称、上车站点名称、出行编码、上车站点经度、上车站点纬度。

统计客流量结果表：刷卡进站时间、出行编码。

交通OD量结果表：上车线路名称、上车站点名称、下车线路名称、下车站点名称、出行编码。

## 5.2.5 制作大屏

按照草图及前期准备工作制作出的大屏效果图如图5.3所示。

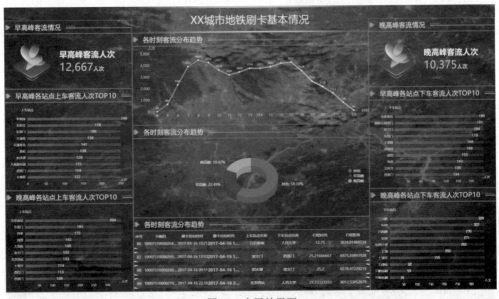

图5.3 大屏效果图

## 5.2.6 数据大屏应用发布

具体预览发布共享操作方式详见第4章内容。

# 第6章

# 数据大屏复杂组件应用

## 6.1 媒体组件应用技巧

要制作出精美的大屏，快速吸引观看者的眼球，除了基础组件之外，还需要媒体组件的加持。

### 6.1.1 图片组件应用

将从通用配置以及差异化配置两方面介绍图片组件应用。

#### 1. 通用配置

##### 1) 样式配置

在大屏编辑界面，通过鼠标将图片列表栏内的任一图片组件拖曳至画布中，图片组件的使用方法如图6.1所示。

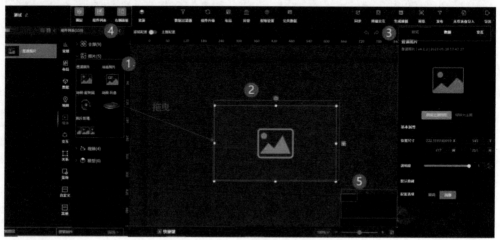

图6.1　图片组件

首先，单击画布区域内的组件，通过切换红色矩形框③内的"样式""数据"和"交互"三个面板实现对该图片组件的配置相关项进行查看及配置操作。其中，红色矩形框④可实现对大屏布局相关项的显隐性设置操作，红色矩形框⑤可预览图片组件在画布中的位置。

选中并右击画布中图片组件，可修改图片的位置、名称等信息，如图6.2所示。

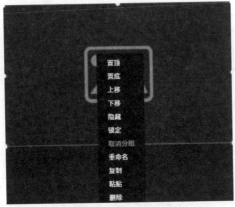

图6.2　图片组件管理

在右侧面板中选中"样式"面板，可继续配置图片组件的基本属性，包括位置尺寸、透明度等，如图6.3所示。

图6.3　图片样式

- 位置尺寸：可以直接在矩形框内自定义图片组件在画布中的位置及尺寸大小。
- 透明度：拖曳透明度的滑动按钮或直接输入数值均可调整透明度的数值，范围取[0,1]。

- 默认隐藏：若选中"默认隐藏"复选框，则该图片组件将在画布中直接隐藏。
- 3D转换：若开启3D转换，将能够自定义调整3D效果。
- 图片：点击图标下拉框，展示图片修改功能选项，包括替换和改色，如图6.4所示。

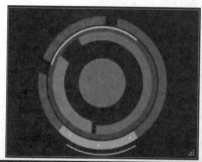

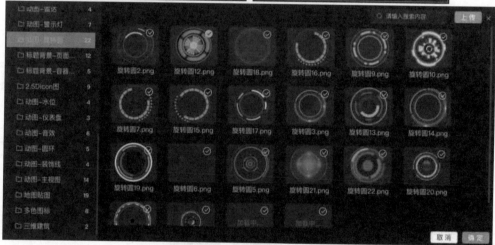

图6.4　图片修改

- 基本属性：组件内部图形的位置及尺寸设置。
- 背景：背景样式显隐性设置及更换。
- 边框：可增加条形框样式模板，并对模板的颜色进行更改。
- 转场动画：可以添加动画效果。

2) 数据配置

与柱形图数据配置相关设置相似。

3) 交互配置

与柱形图交互配置相关设置相似。

2. 差异配置

1) 动态图片

在该组件的"基本属性"功能选项下,额外有蒙版、倒影属性。

● 蒙版:在组件框内添加覆盖图层,如图6.5所示。

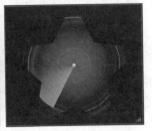

图6.5 蒙版

● 倒影:组件倒影样式设置,如图6.6所示。

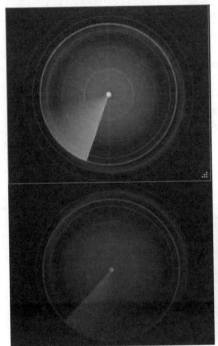

图6.6 倒影

## 6.1.2 视频组件应用

在数据大屏中,有些视频能够起到画龙点睛的作用。

### 1. 样式配置

在大屏编辑界面,通过鼠标将视频列表栏内的普通视频组件拖曳至画布中,视频组件的使用方式如图6.7所示。

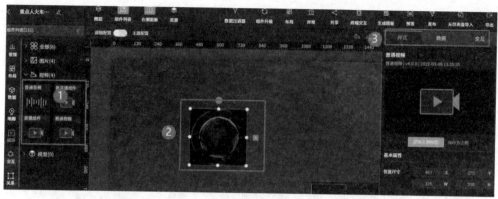

图6.7　视频组件

首先，单击画布区域内的组件，通过切换红色矩形框③内的"样式""数据"和"交互"三个面板实现对该视频组件的配置相关项进行查看及配置操作。

选中并右击画布中普通视频，可修改普通视频的位置、名称等信息，如图6.8所示。

在右侧面板中选中"样式"面板，可继续配置普通视频组件的基本属性，包括位置尺寸、透明度等，如图6.9所示。

图6.9　视频管理

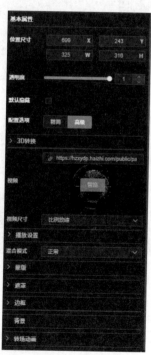

图6.9　样式设置

- 位置尺寸：可以直接在矩形框内自定义视频组件在画布中的位置及尺寸大小。
- 透明度：拖曳透明度的滑动按钮或直接输入数值均可调整透明度的数值，范围取[0,1]。
- 默认隐藏：若选中"默认隐藏"复选框，则该视频组件将在画布中直接隐藏。
- 3D转换：若开启3D转换，将能够自定义调整3D效果。
- 播放设置：设置视频播放的封面、文案等内容，如图6.10所示。

图6.10 播放设置

- 蒙版：在组件框内添加覆盖图层。
- 遮罩：对图层的背景进行设置，也可以对图层的样式进行修改。
- 背景：背景样式显隐性设置及更换。
- 边框：增加条形框样式模板，并对模板的颜色进行更改。
- 转场动画：可以添加动画效果。

## 6.1.3 音频组件应用

在数据大屏中，有些音频能够起到解释说明的作用。

### 1. 样式配置

在大屏编辑界面，通过鼠标将视频列表栏内的普通音频组件拖曳至画布中，音频组件的使用方法如图6.11所示。

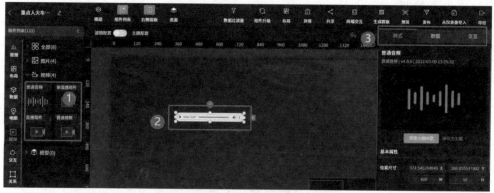

图6.11  音频组件

首先，单击画布区域内的组件，通过切换红色矩形框③内的"样式""数据"和"交互"三个面板实现对该音频组件的配置相关项进行查看及配置操作。

选中并右击画布中普通音频，可修改普通音频的位置、名称等信息，如图6.12所示。

在右侧面板中选中"样式"面板，可继续配置普通音频组件的基本属性，包括位置尺寸、透明度等，如图6.13所示。

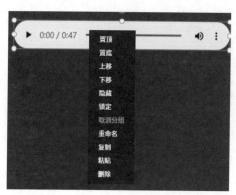

图6.12  音频管理

图6.13  样式设置

- 位置尺寸：可以直接在矩形框内自定义音频组件在画布中的位置及尺寸大小。

- 透明度：拖曳透明度的滑动按钮或直接输入数值均可调整透明度的数值，范围取[0,1]。
- 默认隐藏：若选中"默认隐藏"复选框，则该音频组件将在画布中直接隐藏。
- 3D转换：若开启3D转换，将能够自定义调整3D效果。
- 音频设置：可以设置音频的类型、播放方式等，如图6.14所示。

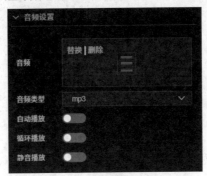

图6.14 音频设置

- 背景：可进行背景样式显隐性设置及更换。
- 边框：可增加条形框样式模板，并对模板的颜色进行更改。
- 转场动画：可以添加动画效果。

## 6.1.4 直播组件应用

在数据大屏中，有些直播组件能让人眼前一亮。

### 1. 样式配置

在大屏编辑界面，通过鼠标将视频列表栏内的任一直播组件拖曳至画布中。直播组件的使用方法如图6.15所示。

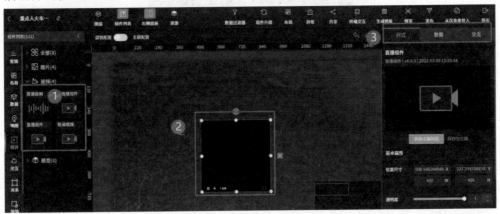

图6.15 直播组件

首先，单击画布区域内的组件，通过切换红色矩形框③内的"样式""数据"和"交互"三个面板实现对该直播组件的配置相关项进行查看及配置操作。

选中并右击画布中直播组件，可修改直播组件的位置、名称等信息，如图6.16所示。

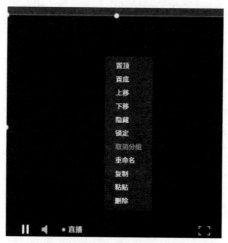

图6.16　直播管理

在右侧面板中选中"样式"面板，可继续配置直播组件的基本属性，包括位置尺寸、透明度等，如图6.17所示。

图6.17　样式设置

● 位置尺寸：可以直接在矩形框内自定义直播组件在画布中的位置及尺寸大小。

- 透明度：拖曳透明度的滑动按钮或直接输入数值均可调整透明度的数值，范围取[0,1]。
- 默认隐藏：若选中"默认隐藏"复选框，则该直播组件将在画布中直接隐藏。
- 3D转换：若开启3D转换，将能够自定义调整3D效果。
- 常规：可对直播状态、类型等进行设置，如图6.18所示。

图6.18　常规

- 边框：可增加条形框样式模板，并对模板的颜色进行更改。
- 转场动画：可以添加动画效果。

## 6.2　地图组件应用技巧

在制作可视化大屏时，通常需要展示某些重点人群、人口密度等分布情况，这个时候就需要用到地图组件。不管是统计地图还是三维地图，它们的配置方式都很相似，只有一些细微的差异。因此将从通用配置以及差异化配置两方面介绍地图组件应用。

### 1. 通用配置

#### 1) 样式配置

在大屏编辑界面，通过鼠标将三维城市地图列表栏内的任一三维城市地图组件拖曳至画布中。

首先，单击画布区域内的组件，通过切换右侧的"样式""数据""交互"三个面板实现对该三维城市地图组件的配置相关项进行查看及配置操作。其中"图层""组件列表""右侧面板"可实现对大屏布局相关项的显隐性设置，"鸟瞰图"可预览三维城市地图组件在画布中的位置。

选中并右击画布中三维城市地图，可修改三维城市地图的位置、名称等信息。

在右侧面板中选中"样式"面板，可继续配置三维城市地图组件的基本属性，包括位置尺寸、透明度等，如图6.19所示。

图6.19 样式设置

- 位置尺寸：可以直接在矩形框内自定义三维城市地图组件在画布中的位置及尺寸大小。
- 透明度：拖曳透明度的滑动按钮或直接输入数值均可调整透明度的数值，范围取[0,1]。
- 默认隐藏：若选中"默认隐藏"复选框，则该三维城市地图组件将在画布中直接隐藏。
- 3D转换：若开启3D转换，将能够自定义调整3D效果。
- 子组件：单击子组件的"+"按钮将展示子组件样式选择功能选项，如图6.20所示。

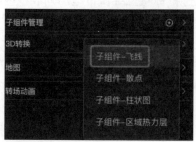

图6.20 子组件样式选择

可对新添加的子组件进行重命名、复制及删除操作，如图6.21所示。

图6.21 子组件管理

- 地图：可实现对地图的样式、范围、区域标签、视角控制和地平面的相关设置。
  - 样式设置如图6.22所示。

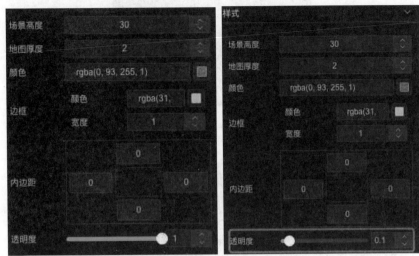

图6.22　样式

  - 地图范围：选择在上述地图中展示局部地图，如图6.23所示。

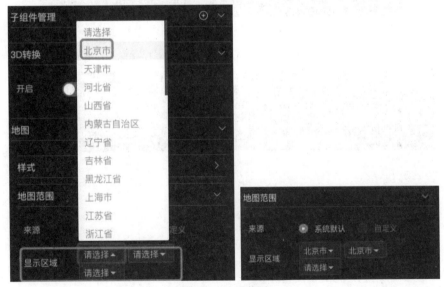

图6.23　地图范围

  - 区域标签：对区域地图的标签进行样式修改及显隐性设置，如图6.24所示。

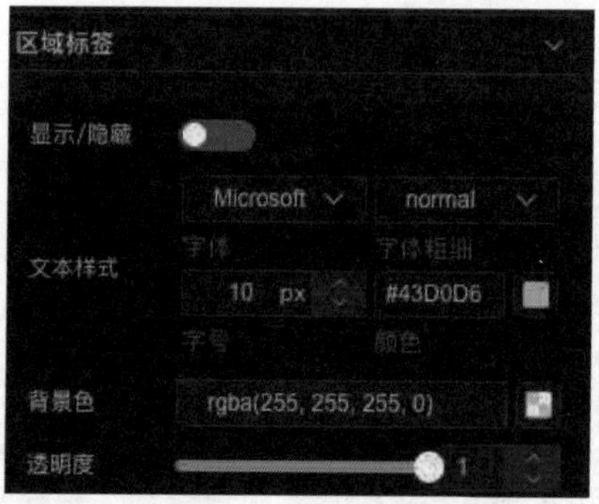

图6.24 区域标签

- 视角控制：调整地图在组件中的空间位置，如图6.25所示。

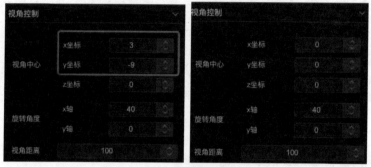

图6.25 视角控制

- 地平面：真实场景效果渲染，显隐性设置及颜色样式的更改如图6.26所示。

图6.26 地平面

- 转场动画：可以添加动画效果。

2) 数据配置

与柱形图数据配置相关设置相似。

3) 交互配置

与柱形图交互配置相关设置相似。

### 2. 差异配置

1) 统计地图

在该组件的"基本属性"功能选项下，额外有阴影效果、区域名、区域轮播及更换主题风格属性。

- 更换主题风格：在右侧面板中选中"样式"，可更换数据集的主题风格。点击"更换主题风格"后，左侧将出现可供选择的主题模板弹窗。
- 阴影效果：为地图图层增加阴影效果及进行样式修改。
- 区域名：对区地图上的区域名称进行显隐性设置及文本样式的修改。
- 区域轮播：将地图中的不同区域按照设定的轮播频率进行轮播变换。

2) 三维城市

在该组件的"基本属性"功能选项下，额外有地图选项、底图配置、建筑配置属性。

- 地图选项：修改地图所展现的城市，如图6.27所示。

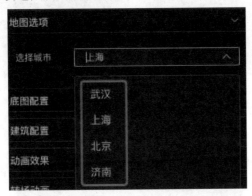

图6.27　地图选项

- 底图配置：修改地图底图背景的样式。
- 建筑配置：对地图上的建筑进行显隐性、颜色样式设置。

3) GIS地图

图6.28(选中GIS地图后，将出现在地图左上角位置)中矩形框内的"+""–"符号可执行地图的缩放操作。

图6.28　GIS地图

在该组件的"基本属性"功能选项下，额外有中心点配置、交互配置属性。

- 中心点配置：在地图中选择地图的中心点作为参考，原地图默认背景为中心点，如图6.29所示。
- 交互配置：使用鼠标实现对地图的交互操作，如图6.30所示。

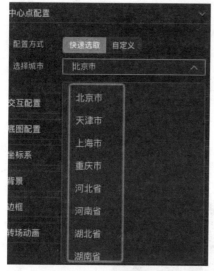

图6.29 中心点配置

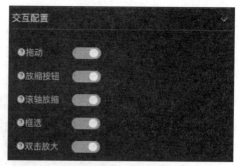

图6.30 交互配置

- 底图配置：地图背景色设置。

地图参考坐标系的设置如图6.31所示。

图6.31 地图参考坐标系

## 6.3 关系组件应用技巧

在数据大屏中，有些时候还需要展示某些图表之间的关系或某些操作流程，此时需要用到关系组件。

### 6.3.1 流程图组件应用

#### 1. 样式配置

在大屏编辑界面，通过鼠标将流程图列表栏内的任一流程图组件拖曳至画布中。流程图组件的使用方式如图6.32所示。

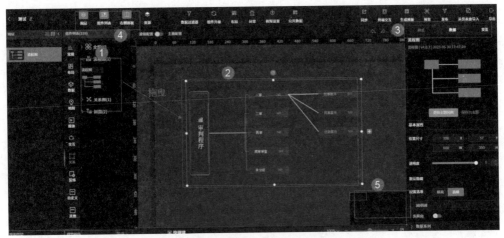

图6.32 流程图组件

　　首先，单击选中画布区域内的组件，通过切换红色矩形框③内的"样式""数据"和"交互"三个面板实现对该流程图组件的配置相关项进行查看及配置操作。其中，红色矩形框④可实现对大屏布局相关项的显隐性设置，红色矩形框⑤可预览流程图组件在画布中的位置。

　　选中并右击画布中流程图，可修改流程图的位置、名称等信息，如图6.33所示。

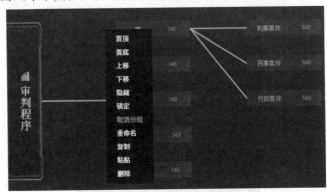

图6.33 流程图管理

　　在右侧面板中选中"样式"面板，可继续配置流程图组件的基本属性，包括位置尺寸、透明度等，如图6.34所示。

- 位置尺寸：可以直接在矩形框内自定义流程图组件在画布中的位置及尺寸大小。
- 透明度：拖曳透明度的滑动按钮或直接输入数值均可调整透明度的数值，取值范围[0,1]。

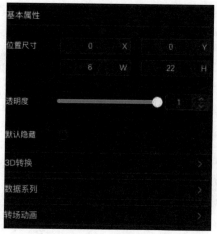

图6.34　样式设置

- 默认隐藏：若选中"默认隐藏"复选框，则该流程图组件将在画布中直接隐藏。
- 3D转换：若开启3D转换，将能够自定义调整3D效果。
- 数据系列：可修改相关系列的矩形框、文本样式，头部图标及节点背景等，如图6.35所示。

图6.35　数据系列

- 边配置：对流程图组件中的所有连线进行样式修改。
- 转场动画：可以添加动画效果。

### 2. 数据配置

与柱形图数据配置相关设置相似。

### 3. 交互配置

与柱形图交互配置相关设置相似。

## 6.3.2 关系图组件应用

### 1. 样式配置

在大屏编辑界面，通过鼠标将关系图列表栏内的任一关系图组件拖曳至画布中。关系图组件的使用方式如图6.36所示。

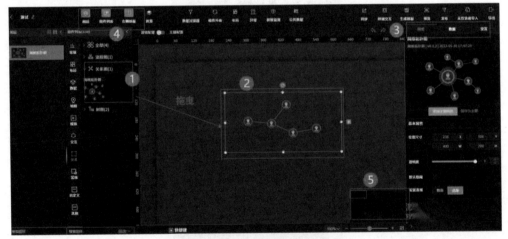

图6.36 关系图组件

首先，单击画布区域内的组件，通过切换红色矩形框③内的"样式""数据"和"交互"三个面板实现对该关系图组件的配置相关项进行查看及配置操作。其中，红色矩形框④可实现对大屏布局相关项的显隐性设置，红色矩形框⑤可预览关系图组件在画布中的位置。

选中并右击画布中关系图，可修改关系图的位置、名称等信息，如图6.37所示。

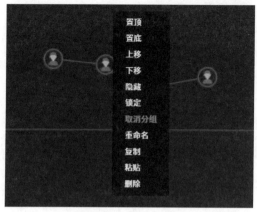

图6.37　关系图管理

在右侧面板中选中"样式"面板，可继续配置关系图组件的基本属性，包括位置尺寸、透明度等，如图6.38所示。

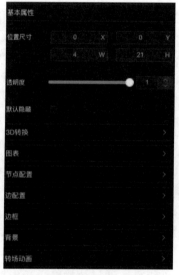

图6.38　样式设置

- 位置尺寸：可以直接在矩形框内自定义关系图组件在画布中的位置及尺寸大小。
- 透明度：拖曳透明度的滑动按钮或直接输入数值均可调整透明度的数值，范围取[0,1]。
- 默认隐藏：若选中"默认隐藏"复选框，则该关系图组件将在画布中直接隐藏。
- 3D转换：若开启3D转换，将能够自定义调整3D效果。
- 图表：可自定义连线长度、节点作用力和边的作用力的数值，如图6.39所示。

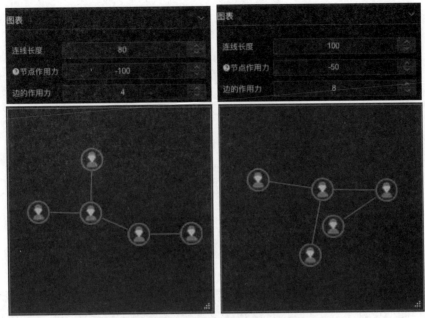

图6.39　图表

- 节点配置：对关系图组件中的节点进行样式的修改。
- 边配置：对节点间的连接线进行相关样式的配置。
- 边框：对关系图组件的外边框进行修改操作，在选择显示边框时，如图6.40
  所示。

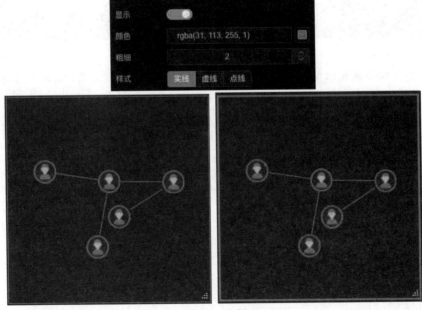

图6.40　边框

- 背景：对关系图组件的背景进行修改操作，提供三种选择样式。
- 转场动画：可以添加动画效果。

**2. 数据配置**

与柱形图数据配置相关设置相似。

**3. 交互配置**

与柱形图交互配置相关设置相似。

## 6.3.3　树图组件应用

**1. 样式配置**

在大屏编辑界面，通过鼠标将树图列表栏内的任一树图组件拖曳至画布中。树图组件的使用方法如图6.41所示。

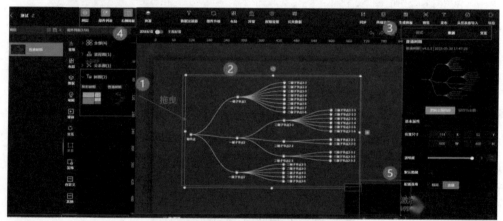

图6.41　树图组件

首先，单击画布区域内的组件，通过切换红色矩形框③内的"样式""数据"和"交互"三个面板实现对该树图组件的配置相关项进行查看及配置操作。其中，红色矩形框④可实现对大屏布局相关项的显隐性设置，红色矩形框⑤可预览树图组件在画布中的位置。

选中并右击画布中树图，可修改树图的位置、名称等信息，如图6.42所示。

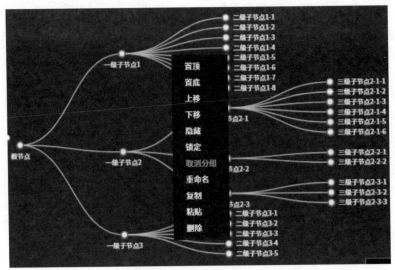

图6.42　树图管理

在右侧配置面板中选中"样式"面板，可继续配置树图组件的基本属性，包括位置尺寸、透明度等，如图6.43所示。

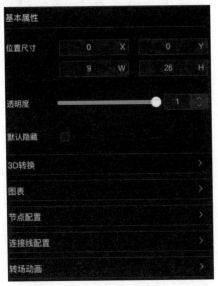

图6.43　样式设置

- 位置尺寸：可以直接在矩形框内自定义树图组件在画布中的位置及尺寸大小。
- 透明度：拖曳透明度的滑动按钮或直接输入数值均可调整透明度的数值，范围取[0,1]。
- 默认隐藏：若选中"默认隐藏"复选框，则该树图组件将在画布中直接隐藏。

- 3D转换：若开启3D转换，将能够自定义调整3D效果。
- 图表：可通过修改边距、布局及标记实现对图表的设置，如图6.44所示。

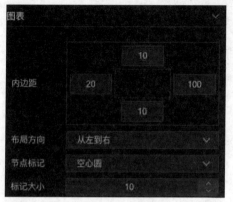

图6.44　图表设置

- 节点配置：对树图组件中的所有节点进行相关的样式修改，如图6.45所示。

图6.45　节点配置

其中，单机非叶节点文本标签隐藏后如图6.46所示。

- 连接线配置：对节点间连接线的样式进行更改。
- 转场动画：可以添加动画效果。

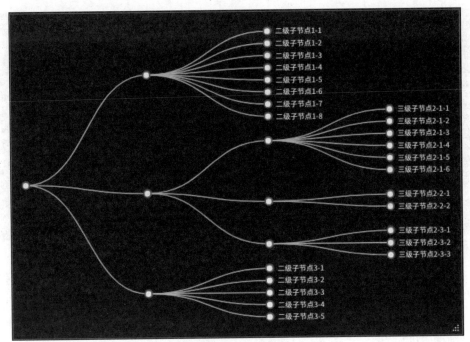

图6.46 节点隐藏

### 2. 数据配置

与柱形图数据配置相关设置相似。

### 3. 交互配置

与柱形图交互配置相关设置相似。

## 6.4 装饰组件应用技巧

在制作可视化大屏时，为增加视觉效果，常使用一些装饰类的图标、箭头等元素。伏羲数据可视化平台将这一类元素封装为装饰类的组件，它们的配置方式都很相似，只有一些细微的差异。所以，将从通用配置以及差异化配置两方面介绍装饰组件应用。

### 1. 通用配置

1) 样式配置

在大屏编辑界面，通过鼠标将装饰列表栏内的任一装饰组件拖曳至画布中。装饰组件的使用方法如图6.47所示。

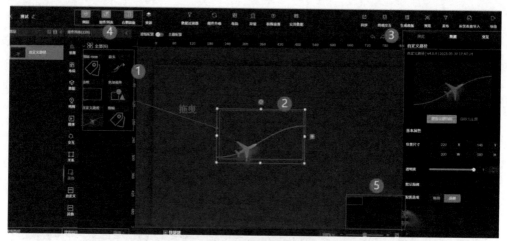

图6.47 装饰组件

首先，单击画布区域内的组件，通过切换红色矩形框③内的"样式""数据"和"交互"三个面板实现对该装饰组件的配置相关项进行查看及配置操作。其中，红色矩形框④可实现对大屏布局相关项的显隐性设置，红色矩形框⑤可预览装饰组件在画布中的位置。

选中并右击画布中装饰，可修改装饰的位置、名称等信息，如图6.48所示。

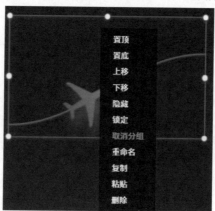

图6.48 装饰组件管理

在右侧配置面板中选中"样式"面板，可继续配置装饰组件的基本属性，包括位置尺寸、透明度等，如图6.49所示。

- 位置尺寸：可以直接在矩形框内自定义装饰组件在画布中的位置及尺寸大小。
- 透明度：拖曳透明度的滑动按钮或直接输入数值均可调整透明度的数值，范围取[0,1]。

图6.49　样式设置

- 默认隐藏：若选中"默认隐藏"复选框，则该装饰组件将在画布中直接隐藏。
- 3D转换：若开启3D转换，将能够自定义调整3D效果。
- 线样式：可对线的样式及显隐性进行设置，如图6.50所示。

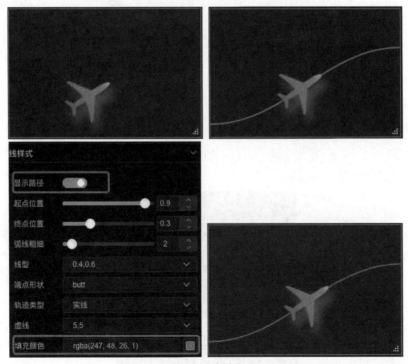

图6.50　线样式

- 运动物体样式：设置组件中物体的形状、大小及运动类型等，如图6.51
  所示。

图6.51　运动物体样式

- 转场动画：可以添加动画效果。

2) 数据配置

与柱形图数据配置相关设置相似。

3) 交互配置

与柱形图交互配置相关设置相似。

**2. 差异配置**

1) 箭头

在该组件的"基本属性"功能选项下，额外有线样式和箭头样式属性。

- 线样式：设置组件中虚线的样式，包括位置、粗细、线型、颜色等，如
  图6.52所示。

图6.52　线样式

● 箭头样式：修改箭头的样式，如图6.53所示。

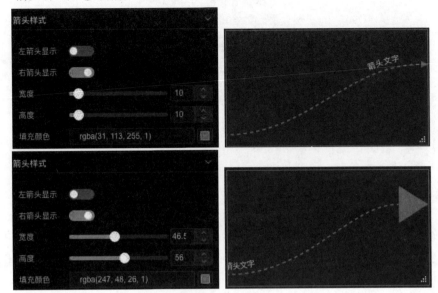

图6.53　箭头样式

## 第7章

# 数据可视化图表交互应用

## 7.1 表单交互应用技巧

在制作可视化大屏时，常使用下拉框、输入框等表单组件作为提示信息。这些组件的配置方式相似，只有一些细微的差异。所以，将从通用配置以及差异化配置两方面介绍表单组件应用。

1. 通用配置

1) 样式配置

在大屏编辑界面，通过鼠标将表单列表栏内的任一表单组件拖曳至画布中。表单组件的使用方式如图7.1所示。

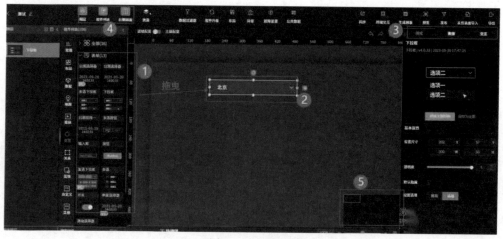

图7.1 表单组件

首先，单击画布区域内的组件，通过切换红色矩形框③内的"样式""数据"和"交互"三个面板实现对该表单组件的配置相关项进行查看及配置操作。其中红色矩形框④可实现对大屏布局相关项的显隐性设置，红色矩形框⑤可预览表单组件在画布中的位置。

选中并右击画布中表单，可修改表单的位置、名称等信息，如图7.2所示。

在右侧面板中选中"样式"面板，可继续配置表单组件的基本属性，包括位置尺寸、透明度等，如图7.3所示。

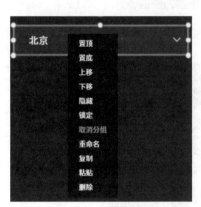

图7.2　表单组件管理

图7.3　样式设置

- 位置尺寸：可以直接在矩形框内自定义表单组件在画布中的位置及尺寸大小。
- 透明度：拖曳透明度的滑动按钮或直接输入数值均可调整透明度的数值，范围取[0,1]。
- 默认隐藏：若选中"默认隐藏"复选框，则该表单组件将在画布中直接隐藏。
- 3D转换：若开启3D转换，将能够自定义调整3D效果。
- 全局设置：可实现对组件内的内容进行全局设置。
- 默认样式：设置组件内背景颜色及文本样式。
- 选中样式：可在表单组件中的选项进行交互选中时改变背景颜色。
- 转场动画：可以添加动画效果。

2) 数据配置

与柱形图数据配置相关设置相似。

3) 交互配置

与柱形图交互配置相关设置相似。

2. 差异配置

1) 日期选择器

在该组件的"基本属性"功能选项下，额外有选择器类型、选择框、下拉框、功能配置属性。

- 选择器类型：提供三种可用于筛选时间的选择器，如图7.4所示。

图7.4　选择器类型

- 选择框：设置选择框的文本样式、显隐性及背景，如图7.5所示。

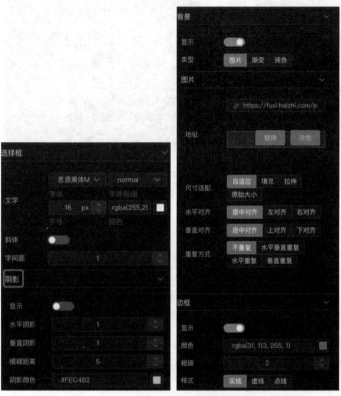

图7.5　选择框

- 下拉框：对下拉框的背景及边框的样式进行设置。
- 功能配置：占位内容的设置，如图7.6所示。

图7.6　功能配置

2) 输入框

在该组件的"基本属性"功能选项下，额外有聚焦样式属性。

- 聚焦样式：对输入框聚焦时的背景、边框及文字样式进行修改，如图7.7所示。

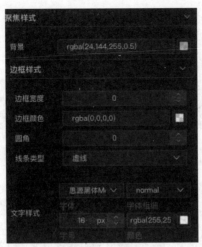

图7.7 聚焦样式

3) 按钮

在该组件的"基本属性"功能选项下，额外有滑过样式、点击样式属性。

- 滑过样式：对按钮的滑过动作进行文本、颜色、背景、边框及按钮图标样式的更改与设置，如图7.8所示。
- 点击样式：对按钮的点击动作进行文本、颜色、背景、边框及按钮图标样式的更改与设置，如图7.9所示。

图7.8 滑过样式

图7.9 点击样式

4) 多选

在"基本属性"功能选项下与通用型数据集组件存在差别的为通用配置属性。

● 通用配置：对多选组件中的所有内容进行对应的设置和更改，如图7.10所示。

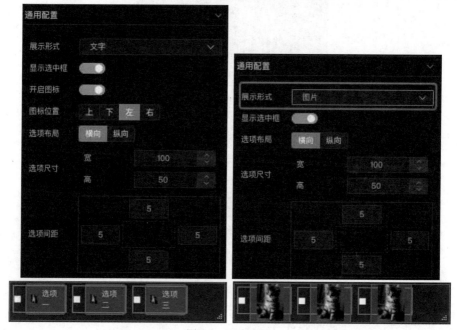

图7.10　通用配置

# 7.2　导航交互应用技巧

在制作可视化大屏时，为展示某些流程的进度等分布情况，常会使用导航组件。导航组件的配置方式相似，只有一些细微的差异。所以，将从通用配置以及差异化配置两方面介绍导航组件。

## 1. 通用配置

### 1) 样式配置

在大屏编辑界面，通过鼠标将导航列表栏内的任一导航组件拖曳至画布中。导航组件的使用方法如图7.11所示。

首先，单击画布区域内的组件，通过切换红色矩形框③内的"样式""数据"和"交互"三个面板实现对该导航组件的配置相关项进行查看及配置操作。其中红色矩形框④可实现对大屏布局相关项的显隐性设置，红色矩形框⑤可预览导航组件在画布中的位置。

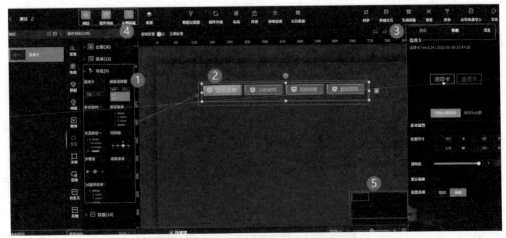

图7.11　导航组件

选中并右击画布中导航，可修改导航的位置、名称等信息，如图7.12所示。

在右侧配置面板中选中"样式"面板，可更换多导航的主题风格。点击"更换主题风格"，左侧将出现可供选择的主题模板弹窗，选择矩形框内的主题模板，实现从基础样式到紫金渐变主题的改变，如图7.13所示。

图7.12　导航管理

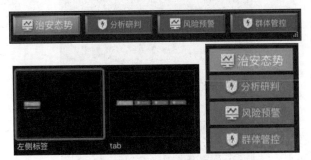

图7.13　更换主题风格

在"样式"面板中，还可继续配置导航组件的基本属性，包括位置尺寸、透明度等，如图7.14所示。

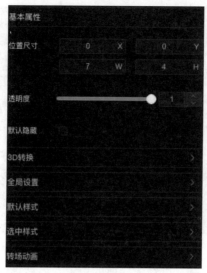

图7.14  样式设置

- 位置尺寸：可以直接在矩形框内自定义导航组件在画布中的位置及尺寸大小。
- 透明度：拖曳透明度的滑动按钮或直接输入数值均可调整透明度的数值，范围取[0,1]。
- 默认隐藏：若选中"默认隐藏"复选框，则该导航组件将在画布中直接隐藏。
- 3D转换：若开启3D转换，将能够自定义调整3D效果。
- 全局设置：可对该组件实现轮播、尺寸、间距、位置等设置，如图7.15所示。

图7.15  全局设置

其中，可通过打开自动轮播并设置轮播间隔时间实现不断切换选中框，如图7.16所示。

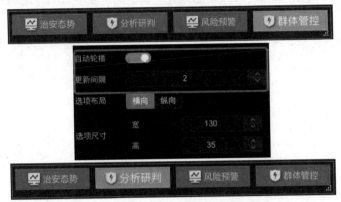

图7.16 自动轮播

图标位置选项则可以以文本框为参考点实现物理位置的切换和隐藏功能，如图7.17所示。

图7.17 图标位置

- 默认样式：组件默认状态下的样式更改。
- 选中样式：对组件中被选中的文本框的背景颜色样式进行修改。
- 转场动画：可以添加动画效果。

2) 数据配置

与柱形图数据配置相关设置相似。

3) 交互配置

与柱形图交互配置相关设置相似。

## 2. 差异配置

1) 菜单

在该组件的"基本属性"功能选项下，额外有菜单背景、菜单设置、选中项配置属性。图7.18是未改变之前的原图。

图7.18　原图

● 菜单背景：对菜单组件的整体背景进行设置更改，如图7.19所示。

图7.19　背景菜单

● 菜单设置：对菜单组件内的所有内容进行更改设置，包括菱形框的样式、文本样式、间距等，如图7.20所示。

图7.20　菜单设置

更改菱形框背景样式后的大屏如图7.21所示。

图7.21 菱形框背景样式

图标选项则是对图标的样式进行更改，如图7.22所示。

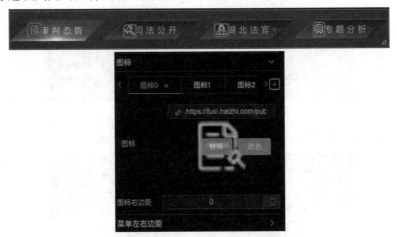

图7.22 图标选项

- 选中项配置：对选中的文本框进行相关的文本及背景样式的更改，如图7.23所示。

图7.23　选中项配置

2) 步骤条

在该组件的"基本属性"功能选项下，额外有按钮配置、布局、文字、步骤线、步骤点属性。图7.24是未改变之前的步骤条原图。

图7.24　步骤条原图

- 按钮配置：修改按钮的选中效果显示，如图7.25所示。

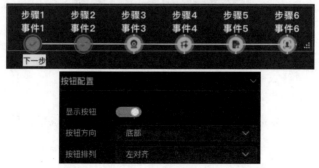

图7.25　按钮配置

● 布局：修改整体布局样式，如图7.26所示。

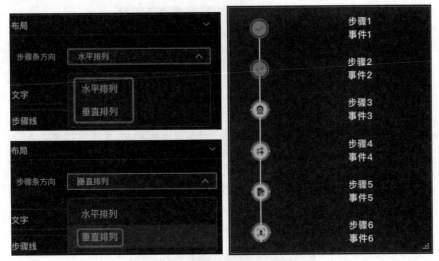

图7.26  布局

● 文字：修改组件中所有文本样式，如图7.27所示。

图7.27  文字

- 步骤线：修改组件中步骤线的样式，如图7.28所示。

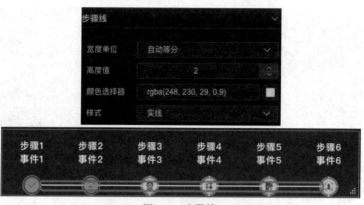

图7.28　步骤线

- 步骤点：修改组件中步骤点的样式，如图7.29所示。

图7.29　步骤点

# 7.3 容器交互应用技巧

在数据大屏中，有时还需要实现弹窗、轮播切换等效果，此时需要使用容器组件。

## 7.3.1 弹窗面板组件应用

弹窗面板在大屏展示中默认不显示，需要使用其他交互组件触发弹窗出现，如"按钮"组件。

下面以"弹窗面板与按钮结合使用"为例，对弹窗面板的使用方法进行说明。

(1) 将弹窗和按钮组件拖曳到画布的合适位置，如图7.30所示。

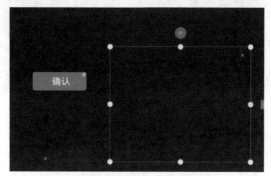

图7.30 弹窗面板

(2) 单击弹窗面板，对其样式进行修改，如图7.31所示。

图7.31 修改弹窗面板样式

(3) 单击弹窗面板底部的"编辑列表项",进入如图7.32所示的界面。

(4) 在此界面内对弹窗内容进行编辑即可。需要注意,弹窗中不能使用弹窗面板、引用面板、动态面板和轮播选中面板,在编辑弹窗内容时,这4个组件会从组件列表中消失。

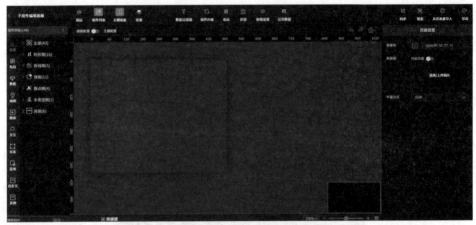

图7.32　编辑列表项

(5) 弹窗面板设置完成后,单击"返回"按钮,在编辑大屏页面中单击"按钮"组件,对其进行交互设置。单击"自定义事件"右侧的"+"按钮,添加一个自定义事件并按图7.33所示进行设置。

图7.33　自定义事件

- 触发机制:本例希望通过单击按钮以显示弹窗,因此触发机制为"点击按钮文本"。
- 事件类型:通过此按钮控制弹窗面板,因此事件类型为"控制其他组件"。
- 条件:本例对触发条件无更多约束,因此此处不设置条件。
- 组件:选择对弹窗面板进行控制。
- 动作:显示弹窗。

至此，弹窗面板配置完成。本例中，用户点击按钮就会弹出弹窗。

## 7.3.2　动态面板组件应用

### 1. 样式配置

可以使用动态面板在一个大屏上编辑并展示多个大屏。与引用面板组件不同，动态面板需要新建多个大屏(这些大屏的操作和使用方法与普通大屏完全相同，后文将新建的大屏简称为"新大屏")，而引用面板则是直接引用已有的大屏内容。

动态面板常与选项卡联合使用，以便切换不同的大屏进行展示。

下面将以"动态面板与选项卡联合使用"为例，展示动态面板的用途和使用方法。

(1) 将动态面板和用于切换的交互组件拖曳到画布中合适的位置，如图7.34所示。

图7.34　动态面板组件

(2) 双击动态面板，对其样式进行设置，如图7.35所示。

图7.35　样式设置

(3) 单击"状态列表"右侧的"+"按钮添加状态，一个动态面板可添加多个状态，如图7.36所示。

图7.36 添加状态

(4) 在"状态key"栏输入每个新大屏的名称，本例中使用"饼图"和"折线图"。

(5) 单击状态列表下方的"编辑动态面板"按钮进入如图7.37所示界面，对新大屏进行编辑。

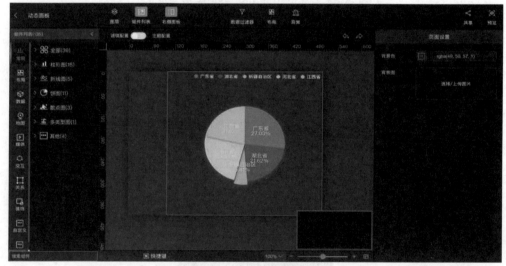

图7.37 编辑动态面板

(6) 通过切换状态对不同新大屏分别进行编辑。至此，动态面板的设置就结束了。

(7) 接下来，对选项卡组件进行编辑。双击选项卡组件，对其数据进行适当修改，如图7.38所示。

(8) 将选项卡数据的name值更改为上文设定的"状态key"的值，以便后续设置联动。

(9) 将右侧面板切换至"交互"模块,添加一个自定义事件并按图7.39进行设置。

- 触发机制:本例希望通过单击选项卡来切换动态面板的内容,因此触发机制为"点击tab时"。
- 事件类型:本例希望通过点击选项卡按钮来控制动态面板,因此事件类型为"控制其他组件"。
- 条件:本例对触发条件无更多约束,因此此处不设置条件。
- 组件:选择对动态面板进行控制。
- 动作:切换状态,即切换新大屏。
- 字段映射:选项卡抛出name值,展示"状态key"值与该name值相同的新大屏内容。

图7.38 编辑选项卡组件　　　　　　图7.39 修改name值

### 7.3.3 引用面板组件应用

引用面板可以在当前大屏引用多个其他已发布的大屏的内容。可以通过其他交互容器对引用面板展示的大屏进行切换。

下面以"引用面板与选项卡联合使用"为例,对引用面板的使用方法进行说明。

(1) 将"引用面板"和"选项卡"组件拖曳到画布中合适的位置,如图7.40所示。

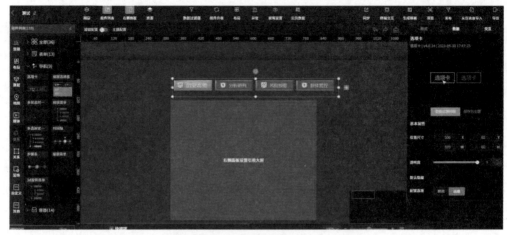

图7.40　引用面板组件

(2) 配置"引用面板"组件的样式模块下的"引用列表",如图7.41所示。

图7.41　引用列表

(3) 单击"引用列表"右侧的"+"按钮添加一个大屏,可多次添加。在选择大屏的下拉菜单中挑选引用的大屏,如图7.42所示。

图7.42　添加大屏

(4) 选择好大屏后，下方会出现"编辑引用项目"按钮，如图7.43所示。单击该按钮，可以进入到选择的大屏的编辑页面并对其进行修改，修改的结果会在原大屏中同步。至此，引用面板的配置就修改结束了。

(5) 双击"选项卡"组件进行修改，如图7.44所示。

图7.43　编辑引用项目

图7.44　编辑选项卡组件

- name：建议与联动的大屏名称相同，以便后续操作。
- icon：上图中展示的是默认值，可为任意值。
- id：即名为"大屏测试"的大屏链接结尾处的id值(建议name值与id值对应)。

(6) 将右侧面板切换至"交互"模块，添加一个自定义事件以实现对引用面板的操控，按照图7.45对自定义事件进行设置。

图7.45　自定义事件

- 触发机制：操作目标为"点击对应选项卡时切换引用面板的屏幕"，因此触发机制为"点击tab时"，用户可根据自己的需求对选择的内容进行修改。
- 事件类型：本例希望通过点击选项卡按钮来控制引用面板内容，因此事件类型为选择"控制其他组件"。
- 条件：本例中对触发条件无更多约束，因此此处不设置条件。
- 组件：选择本选项卡控制的组件。
- 动作："切换大屏"为引用面板组件特有的动作，意为"当触发条件被触发时，引用面板切换大屏"。
- 字段映射：若在映射下拉框中无id选项，则第一栏changeId映射可不选。在changeData中选择data即可传入数据对象(对象中必须包含名为id的字段)，系统将自动提取id字段的值作为抛出值并与引用面板中的大屏进行匹配。

## 7.3.4 轮播切换面板组件应用

轮播切换面板可以将多组数据以轮播的方式、用相同组件进行展示，且不需要多次设置数据，只需要一次映射即可。

以下为设置轮播切换面板的基本步骤。

(1) 将轮播切换面板拖曳至画布的合适位置，单击右侧面板底部的"编辑列表项"，如图7.46所示。

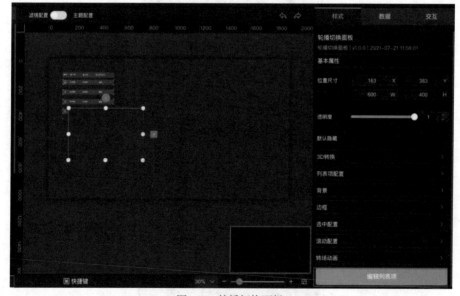

图7.46 轮播切换面板

(2) 进入如图7.47所示的列表项编辑页面。

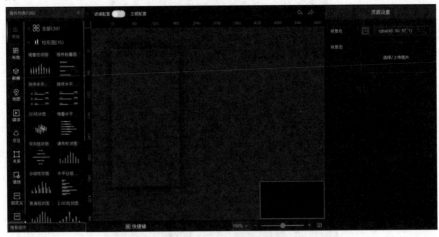

图7.47　列表项编辑页面

可以看到，该界面的画布无法与普通大屏一样在右侧面板中编辑大小。要编辑列表项的画布大小，需要在大屏中调整"轮播切换面板"组件的大小和形状。

(3) 将想要进行重复轮流展示的合适组件拖曳到面板中(一个即可)。单击该组件，对其数据配置进行修改，如图7.48所示。

图7.48　配置数据

(4) 将"数据源类型"切换为"父组件数据源"。

这里，"父组件数据源"指使用"轮播切换面板"中的数据作为本组件的数据源。

(5) 如图7.49所示，对该组件进行映射，其中映射字段为其"轮播切换面板"中的数据。

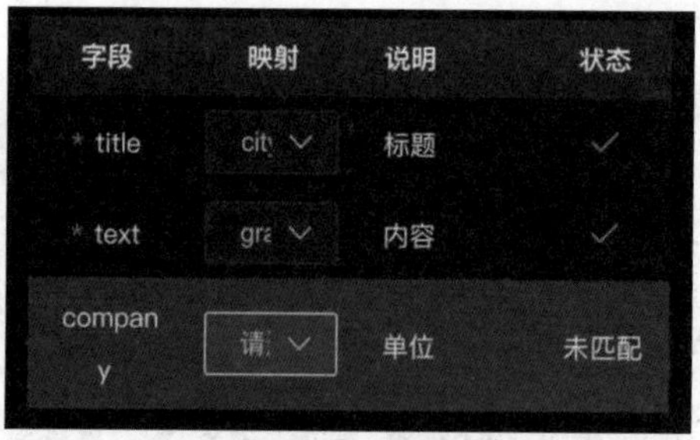

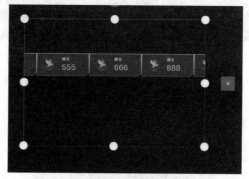

图7.49　字段映射

(6) 列表项的数据配置好后，得到如图7.50所示的效果。单击左上角的返回按钮，回到原大屏的编辑页面。

图7.50　效果图

(7) 若想对轮播切换组件的样式进行更改，可以在右侧面板中切换至"样式"模块，然后修改"列表项设置"和"滚动配置"，如图7.51所示。

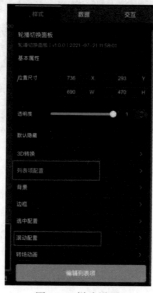

图7.51　样式设置

- 列表项配置：可以对横轴个数、纵轴个数和排列方式进行更改。其中，横轴个数为横向的子级组件个数；纵轴个数为纵向的子级组件个数；排列方式为子级组件的排列方式。例如，纵轴个数为1，横轴个数为2，排列方式为纵向排列时的效果如图7.52所示；纵轴个数为2，横轴个数为1，排列方式为纵向排列时的效果如图7.53所示。

图7.52　效果图1　　　　　　　　　　　　图7.53　效果图2

排列方式对子组件的展示样式没有影响，仅对滚动方向有影响。排列方式为横向排列时，滚动方式可以选择向右滚动或向左滚动；排列方式为纵向排列时，滚动方式可以选择向上滚动或向下滚动。

用户每次修改列表项配置后，都需要单击"编辑列表项"按钮更新修改的滚动数据，否则更改将不会被保存。

- 滚动配置：用户可在下拉框中选择滚动模式，如图7.54所示。

图7.54　滚动配置

- 单行滚动：每滚动一行停留一次，停留时间为触发频率设定的时间。
- 平滑滚动：一直滚动，无停留时间。
- 整屏滚动：每滚动完所有数据停留一次，停留时间为触发频率设定的时间；
- 自定义滚动：自定义滚动模式、方向、速率、条数和触发频率，使设置更加灵活，如图7.55所示。

图7.55　自定义滚动

## 7.3.5　轮播选中面板组件应用

轮播选中面板的设置和操作与轮播切换面板相似,其数据和子组件数据的配置与轮播切换面板相同。

### 1. 不同点

轮播选中面板一次性展示所有数据,而不是像轮播切换面板一样对数据进行轮流展示(轮播切换面板通过轮流选中或高亮每个数据来进行"轮流"展示,如图7.56所示。

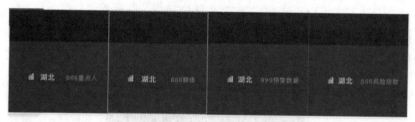

图7.56　轮播选中面板

● 列表项配置如图7.57所示。

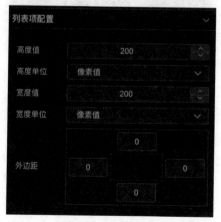

图7.57　列表项配置

在列表项配置模块,可以对组件的高度和宽度值进行自定义,其单位可以选择像素值或百分比，默认为像素值；外边距用于设置子组件到面板边框的距离。

- 轮播选中配置如图7.58所示。

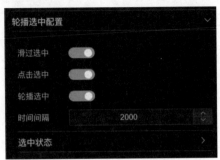

图7.58　轮播选中配置

- 滑过选中：光标划过子组件时，对其进行突出显示。
- 点击选中：点击子组件时，对其进行突出显示。
- 轮播选中：自动对每个子组件轮流进行突出显示。
- 时间间隔：用于调整轮播的速度。
- 选中状态：对突出显示的组件的样式进行设置，可以设置其背景和边框，如图7.59所示。

图7.59　选中状态

## 7.3.6　Iframe面板组件应用

Iframe组件用于在大屏中嵌入一个网页(必须是允许被引用的网页。有些网页出于安全考虑设置了禁止嵌入，则无法对其进行引用)内容，且可以在大屏中对网页进行操作。

下面，以https://fuxi.haizhi.com网页为例，将其嵌入大屏中：

(1) 将一个Iframe组件拖曳到画布中的合适位置并修改其数据，将想要嵌入的网页链接作为url值放入数据中，如图7.60所示。

图7.60　数据配置

(2) 根据网页大小，调整组件在画布中的位置。

(3) 若Iframe组件设置过小，将无法对网页进行全面的展示，因此，需要在画布中适当调整Iframe组件的大小。

(4) 在预览界面单击网页右上角的"×"即可关闭该网页。

## 7.3.7　数据容器组件应用

数据容器组件可用作数据初始化设置的工具。

下面，以一饼图为例，对数据容器的使用进行说明。

(1) 创建一个饼图。目前进入预览界面时，饼图展示的是所有数据，如图7.61所示。

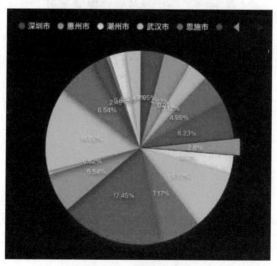

图7.61　预览数据结果

(2) 若想要在进入时展示数据集中的部分数据，如仅展示parent字段值为"中国"的对象，则需要添加数据容器，如图7.62所示。

图7.62　数据容器

(3) 将数据容器拖曳到合适的位置(由于数据容器不作为展示内容，因此一般放置在页面边界位置)。其中，数据容器的思想为：通过将数据容器与饼图进行交互，达到筛选数据以进行展示的目的。

(4) 配置数据容器的数据，如图7.63所示。

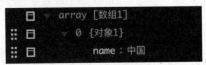

图7.63　数据配置

(5) 将name字段值更改为想要进行筛选的值。

以本饼图为例，由于目的为"在进入预览界面时饼图仅展示parent字段值为'中国'的对象"，因此在这里将name字段值更改为中国(也可以任意添加一个字段，将字段值改为中国，只需要后续在"抛出"时将name更改为要"抛出"的新字段名即可)。

(6) 可按照如图7.64所示样式配置数据容器的交互。

图7.64　配置数据容器交互

- 触发机制：触发机制选择数据切换，指的是页面刚进入时的数据切换，因此在进入预览界面时自动触发此条件。
- 联动组件：选择需要规定初始内容的图形组件，本例为饼图。
- 联动设置：详见第3章内容。

至此，选项卡与饼图的联动设置就完成了，下面是预览界面展示。预览界面初始状态如图7.65所示。

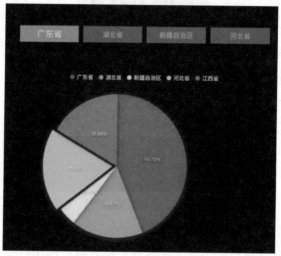

图7.65　预览界面初始状态

# 7.4　动画交互应用技巧

为了让大屏更具视觉效果，动画设置必不可少。合理的动画能够让数据大屏更加引人入胜。下面，将从绘制动画、动画效果和转场动画三方面对动画交互应用进行说明。

## 7.4.1　绘制动画应用

在组件的右侧面板中将界面切换至"样式"模块可对组件的动画效果进行配置，如图7.66所示。

在"绘制动画"下拉菜单中选择合适的动画类型并设置首次时间和更新时间即可绘制动画，如图7.67所示。

图7.66　绘制动画

图7.67　绘制动画效果

## 7.4.2　动画效果应用

在组件的右侧面板中将界面切换至"样式"模块，可对组件的动画效果进行配置，如图7.68所示。

图7.68　动画效果

若打开"开启轮播"(见图7.67)，则会轮流对饼图的所有扇面进行突出显示。轮播间隔为切换扇面的间隔时间，例如，轮播间隔设置为2000时，切换扇面的间隔时间为2秒。

## 7.4.3　转场动画应用

在组件的右侧面板中将界面切换至"样式"模块可对组件的转场动画进行配

置，如图7.69所示。单击入场、驻场和离场动
画右侧的"+"按钮，可分别添加相应的转场
动画。

图7.69　转场动画

- 入场、离场动画：在下拉菜单中，选择
  合适的动画类型。动画时长决定了动画
  动作的快慢，数值越大动作越慢；动画
  延时可以调整动画开始的时间。其中，
  动画时长的最小值为2000。离场动画仅
  在页面切换时触发。入场动画的设置界面如图7.70所示。

- 驻场动画：设置与入场、离场动画相同，在入场动画结束后开始。动画时长
  仅决定动画动作快慢，而不是动画终止时间。驻场动画将持续播放，直到切
  换页面等操作打断动画。驻场动画的设置界面如图7.71所示。

图7.70　入场动画

图7.71　驻场动画

## 7.5　语音识别交互应用技巧

部分版本的伏羲数据可视化分析平台已经能够实现简单的语音交互，通过语音
交互识别指令，让大屏产生联动效果。本书介绍的版本暂不支持此功能，但这项技
术会慢慢走向成熟。因此，在此先简单介绍一下伏羲数据可视化分析平台的语音
识别。

首先是语音识别模式。语音识别在UI上可分为4种模式：

### 1. 空闲模式

该模式并非真正空闲，而是在后台静默地监听声音。当听到呼起指令时，进入
"声音收集模式"，该模式在UI上显示"小警休息中"，通过"小警小警"随时
呼出"。

### 2. 语音收集模式

收集声音的模式，UI上显示"声音收集中"。

### 3. 指令识别模式

识别声音是否为指令的模式，UI上显示"指令识别中"。

### 4. 指令执行模式

程序上执行对应指令的模式，UI上显示识别出的指令。

语音识别的识别流程如图7.72所示。

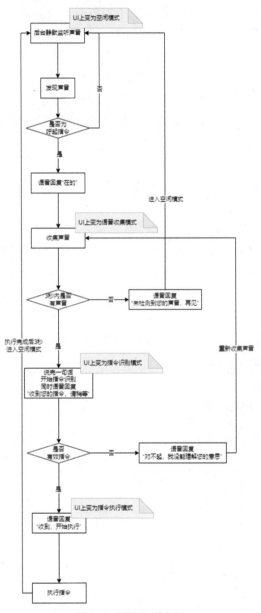

图7.72　语音识别流程

识别流程解析如下。

(1) 单击打开语音识别面板，进入空闲模式。UI上显示"小警休息中"，通过"小警小警"呼出。

(2) 前端程序在后台静默地监听声音，当监听到声音时，向后端发送语音识别接口。当识别到语音为呼出词(小警小警)时，语音回复"在的"并进入语音收集模式，UI上显示"声音收集中"。

(3) 在语音收集模式下，如3秒没有收集到声音，则回复"未检测到您的声音，再见"重新进入空闲模式。当识别到完整的一句话后，将进入指令识别模式，UI上显示"指令识别中"。

(4) 前端将收集到的声音发到后端进行识别，如不是有效指令，则语音回复"对不起，我没能理解您的意思"并重新进入语音收集模式；如是有效指令，UI上显示识别出的指令，语音回复"收到，开始执行"并执行相应指令。

(5) 指令执行完成的3秒后重新进入空闲模式，静置的3秒中UI上显示识别出的指令。

如果想要实现语音交互，就必须在语音识别中融入自然语言处理能力。具体的实现方式如下：

(1) 调用paddlespeech进行语音转文字。

(2) 如传入了意图列表(如"查询轨迹""打电话""发短信")，则首先对文字进行意图识别，从所提供的意图列表中判断文字更符合哪种意图。

(3) 如传入了schema列表(如"手机号""人名")，则对文字进行信息提取，找出文字中符合schema类型的实体。提取方式为"规则+nlp"，即首先使用规则提取特定schema，如仍有schema没有提取成功，则使用NLP提取剩余部分。

(4) 对文字进行数字特殊处理。

(5) 转化完成，返回数据。

具体请求body代码如下所示。

```
{
    "audio_base64": " ",   // String，必选字段，语音文件的base64格式字符串
    "intent": ["查询轨迹"、"打电话"、"发短信"],   // Array，可选字段，意图列表，即希望被识别为哪些意图
    "schema": ["手机号"、"人名"],   // Array，可选字段，实体类型列表，即希望抽取哪些实体
}
```

返回内容的代码如下所示。

```
{
    "content": "String",     // 识别后的文字
```

```
    "intent": "String",  //识别后文字意图，如请求body没有intend则不返回这个字段
    "entity": {  //抽取的实体，没有请求body没有entity字段则不返回这个字段
        "车牌": ['京A118D6'],
      "时间": ["2022年8月12日"]
    }
}
```

此外，语音识别还需对数字进行特殊处理，主要包含以下3类。

① 识别语音文字设置数字类型。

语音识别为文字时，设置数字均返回汉字。

② 处理文本里的数字。

- 判断句子中是否存在汉字数字，如不存在则直接进入到下一步。

- 如存在，则将汉字中的数字汉字转为阿拉伯数字，并形成一句新的句子。转化算法为语义型转化。转化完成后将新的文字和原文字拼到一起，用"+"号分割，如"查看二零一九年的数据+查看2019年的数据"。

③ 处理schema里的数字

- 句子中没有汉字数字，如schema不为空，则直接对语句进行nlp抽取。

- 句子中如有汉字数字，则分为以下2种情况。

  • 如schema中存在包含阿拉伯数字schema类型，如可用规则提取，则使用规则在阿拉伯数字句子中抽取，如不能使用规则提取，则使用NLP提取。

  • 如schema中存在包含汉字数字相关的schema类型，如可用规则提取，则使用规则在原句子中抽取，如不能使用规则提取，则使用NLP抽取。

# 第8章

# 数据可视化复杂大屏实操案例

## 8.1 图表交互设置

图表之间的交互能够让大屏更加精美，并显示出动态效果。

### 8.1.1 设置联动

为火车乘车数据大屏的柱形图和折线图设置联动。联动目的为："当单击柱形图的柱子时，折线图显示对应的联动效果"。

设置步骤如下。

(1) 选中柱形图。

(2) 在交互配置选项下添加联动，具体的联动设置如图8.1所示。

图8.1 联动设置

## 8.1.2　设置自定义事件

为火车乘车数据大屏的饼图设置自定义事件。目标为："当单击扇面时，播放对图表进行突出显示的动画"。

设置步骤如下。

(1) 选中饼图。

(2) 在交互配置选项下添加自定义事件，具体的自定义事件设置如图8.2所示。

图8.2　自定义事件设置

## 8.2　组件组合交互设置

在制作大屏时，不仅图表之间的交互能够为大屏添彩，组件组合交互设置也能让大屏的精美度更上一层楼。

### 8.2.1　导航组件与图表交互

设置选项卡与柱形图的交互。目标为："当单击选项卡时，对应的柱形图发生联动变化"。

设置步骤如下。

(1) 将选项卡组件拖曳到大屏上并对其数据进行设置，将静态数据对应的name值改为需要的数据。组件的数据配置如图8.3所示。

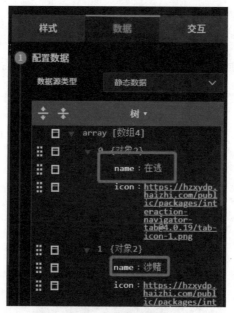

图8.3    数据配置

(2) 在选项卡的交互配置下添加两个联动。如果只设置一个联动，那么在预览时仅会出现选项卡被选中的效果，但是与其联动的柱形图却不会发生变化。具体的联动配置如图8.4所示。

图8.4    联动设置

## 8.2.2　表单组件与图表交互

设置下拉框与柱形图的交互。目标为："当单击下拉框时，对应的柱形图发生联动变化"。

设置步骤如下。

(1) 将下拉框组件拖曳到大屏上并对其数据进行设置，将静态数据对应的label和value值改为需要的数据。组件的数据配置如图8.5所示。

图8.5　数据配置

(2) 在"交互"设置处添加回调参数，具体设置如图8.6所示。

图8.6　设置回调参数

(3) 选中被联动的柱形图并获取回调参数。在"数据"设置处选择添加过滤器，设置过滤器名称及回调参数，具体设置如图8.7所示。

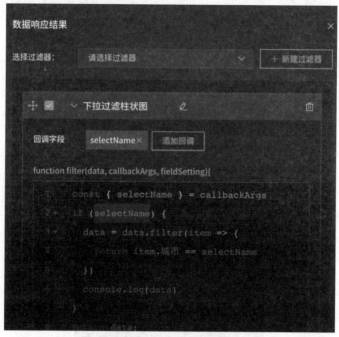

图8.7    设置回调参数

如果想要对下拉框的"全部"选项进行过滤，可以修改数据配置中的数据或在过滤器中添加一个如图8.8所示的判断条件。

```
const { selectName } = callbackArgs
if (selectName) {
    if (selectName == "全部"){
        return data
    },
    data = data.filter(item => {
        return item.城市 == selectName
```

图8.8    增加判断条件js代码

## 8.3    动画交互设置

可以为不同的组件设置动画，包括绘制动画、动画特效和转场动画，例如，为柱形图设置的绘制动画配置如图8.9所示。

动画特效配置如图8.10所示。

图8.9　绘制动画配置

图8.10　动画特效

转场动画配置如图8.11所示。

图8.11　转场动画

# 附录

## 一、平台登录及常见问题

### 1. 平台登录

平台登录网址为：https://hzxydp.haizhi.com，要求使用80以上版本的Google Chrome(谷歌浏览器)进行登录。登录的企业域为hzgjb，用户名为报名注册的手机号，密码默认为888888。登录界面如图附1所示。

图附1　登录界面

### 2. 登录常见问题及解决方案

常见问题1：输入地址后出现白屏。

解决办法：重新下载安装最新版本的Google Chrome浏览器。

常见问题2：如何查看浏览器最新版本。

解决办法：单击浏览器右上角的 ⋮ 图标，在弹出的下拉菜单中选择"帮助"|"关于Google Chrome"，之后就可以查看浏览器的版本了。具体操作如图A.2所示。

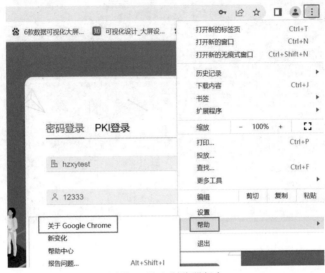

图附2　检查浏览器版本

常见问题3：无法访问此网址。

解决办法：请检查地址栏中是否多输入了"www."。

常见问题4：提示企业域、密码错误或其他错误。

解决办法：请检查企业域、手机号、密码是否输入准确。不建议自行修改密码，若密码输入错误超过5次，账户将自动冻结。若遇到此情况，单位内部用户可咨询授权单位的管理员并申请账户重置，其他培训用户请扫描本书封底的二维码进入"海致大数据研学中心"，在"在线咨询"中留言申请重置账户。

## 二、典型行业案例

行业典型案例能为我们提供不同的思考和启发。下面将介绍几个常见的行业典型案例。

(1) 安防-综合能力-大中屏：如图附3所示。

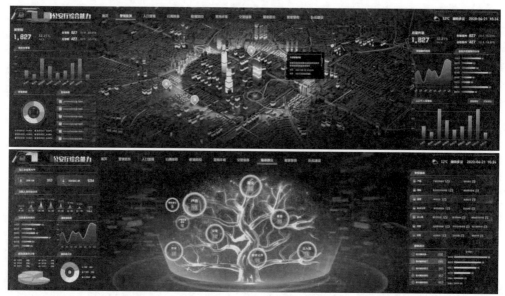

图附3　安防-综合能力-大中屏

(2) 安防-社区管理-大中屏：如图附4所示。

图附4　安防-社区管理-大中屏

(3) 安防-情报驾驶舱-大中屏：如图附5所示。

图附5　安防-情报驾驶舱-大中屏

(4) 安防-警情看板-大中屏：如图附6所示。

图附6　安防-警情看板-大中屏

(5) 安防-活动安保指挥-大中屏：如图附7所示。

图附7　安防-活动安保指挥-大中屏

(6) 安防-110服务中心-大中屏：如图附8所示。

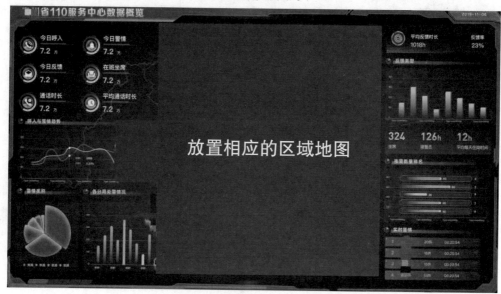

图附8　安防-110服务中心-大中屏

(7) 安防-分局指挥中心-大中屏：如图附9所示。

图附9　安防-分局指挥中心-大中屏

(8) 安防-大数据中心-大中屏：如图附10所示。

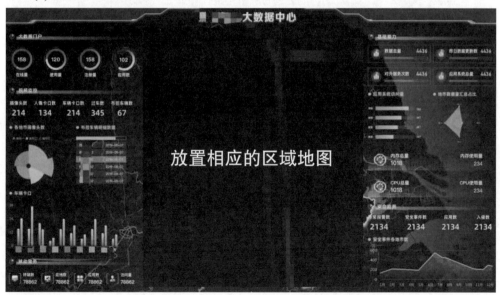

图附10　安防-大数据中心-大中屏

(9) 安防-经济犯罪洞察-大中屏：如图附11所示。

图附11　安防-经济犯罪洞察-大中屏

(10) 安防-景区大客流风险洞察-大中屏：如图附12所示。

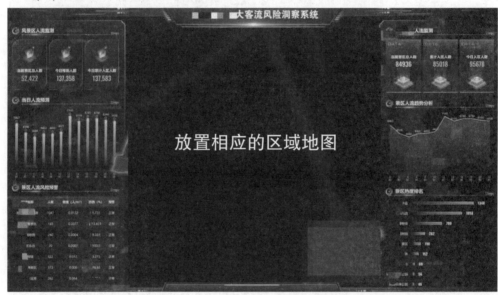

图附12　安防-景区大客流风险洞察-大中屏

(11) 安防-派出所警务管理-大中屏：如图附13所示。

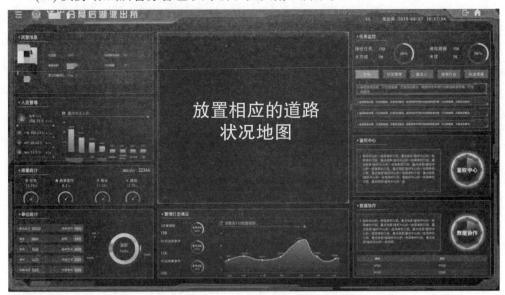

图附13　安防-派出所警务管理-大中屏

(12) 安防-涉赌研判-大中屏：如图附14所示。

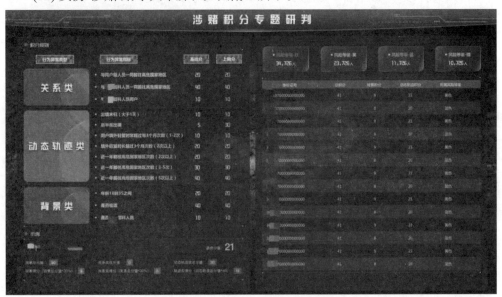

图附14　安防-涉赌研判-大中屏

(13) 安防-跨境犯罪预警-大中屏：如图附15所示。

图附15　安防-跨境犯罪预警-大中屏

(14) 安防-赛事大客流风险洞察-大中屏：如图附16所示。

图附16　安防-赛事大客流风险洞察-大中屏

(15) 政务-城市管理-大中屏：如图附17所示。

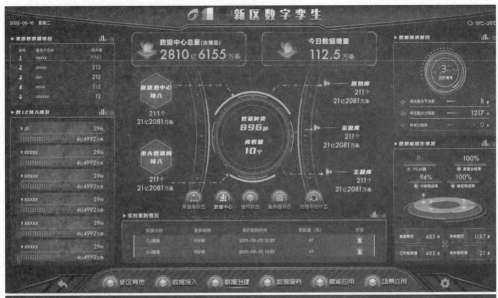

图附17 政务-城市管理-大中屏

(16) 政务--网统管-大中屏：如图附18所示。

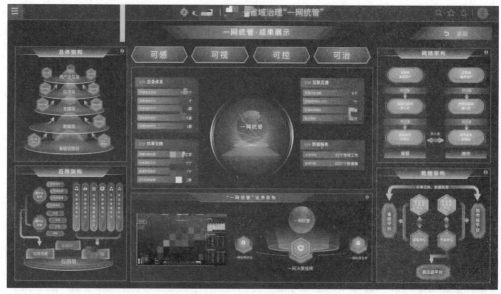

图附18　政务--网统管-大中屏

(17) 政务-人口管理-大中屏：如图附19所示。

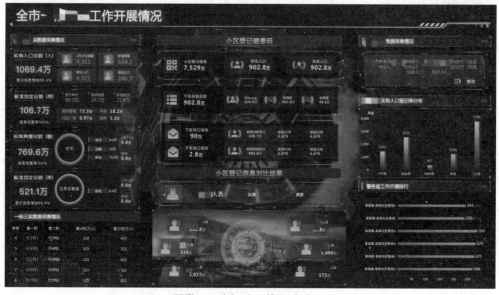

图附19　政务-人口管理-大中屏

(18) 交通-道路管理-大中屏：如图附20所示。

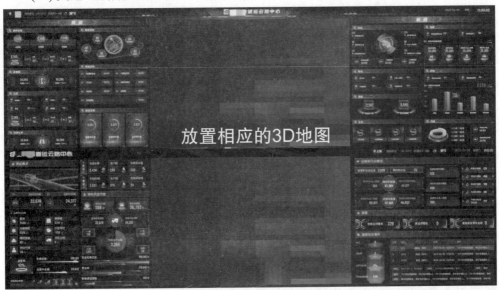

图附20　交通-道路管理-大中屏

(19) 交通-违法治理平台-大中屏：如图附21所示。

图附21　交通-违法治理平台-大中屏

(20) 金融-风险洞察-大中屏：如图附22所示。

图附22　金融-风险洞察-大中屏

(21) 能源-输电监控平台-大屏：如图附23所示。

图2.23　能源-输电监控平台-大屏

(22) 能源-大数据中心-大屏：如图附24所示。

图附24　能源-大数据中心-大屏

(23) 医疗-医院运营风险监控-大中屏：如图附25所示。

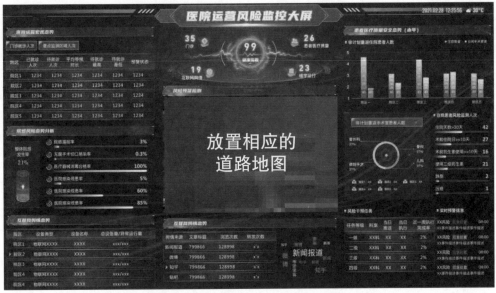

图附25　医疗-医院运营风险监控-大中屏

(24) 后勤保障-大中屏：如图附26所示。

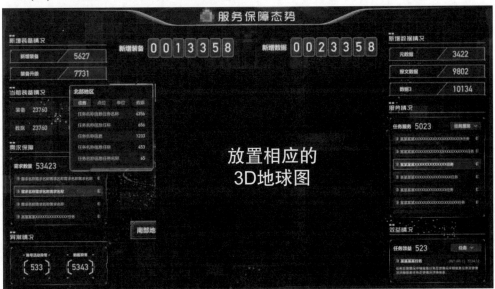

图附26　后勤保障-大中屏

(25) 政务-经济指标-小屏：如图附27所示。

图附27　政务-经济指标-小屏

(26) 政务-公共资源交易-小屏：如图附28所示。

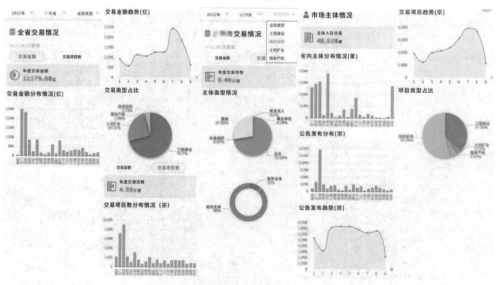

图附28　政务-公共资源交易-小屏

(27) 政务-自然资源-小屏：如图附29所示。

图附29　政务-自然资源-小屏

(28) 政务-智慧服务设备-小屏：如图附30所示。

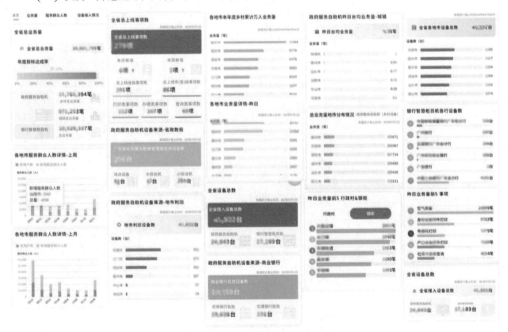

图附30　政务-智慧服务设备-小屏

(29) 政务-网络安全-小屏：如图附31所示。

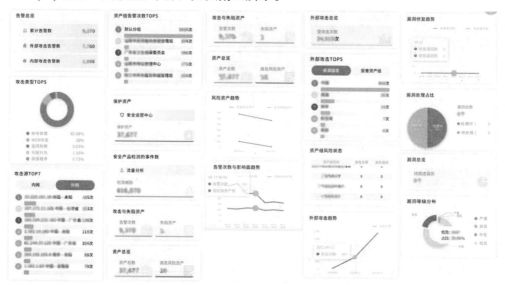

图附31　政务-网络安全-小屏

(30) 政务-社区服务-大中屏：如图附32所示。

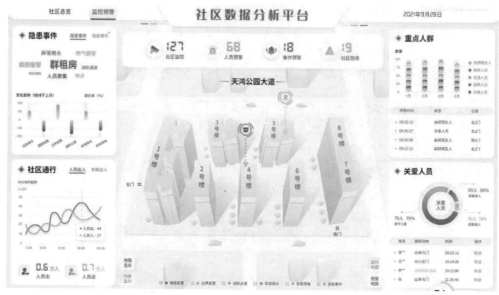

图附32　政务-社区服务-大中屏

(31) 政务-垃圾分类-大中屏：如图附33所示。

图附33　政务-垃圾分类-大中屏

(32) 政务-智能考勤-大中屏：如图附34所示。

图附34　政务-智能考勤-大中屏